高等职业教育精品工程系列教材·微课版

# PLC应用技术
# 图解项目化教程

## （西门子 S7-300）
## （第 2 版）

郑长山　编著

电子工业出版社

**Publishing House of Electronics Industry**

北京·BEIJING

## 内 容 简 介

本书以 SIMATIC S7-300 系列 PLC 为样机，从工程应用角度出发，以项目为载体，突出实践性，从以下方面介绍 PLC 的应用：

（1）PLC 的组成及工作原理。

（2）S7-300 系列 PLC 的硬件系统、组态和指令系统。

（3）STEP7 编程软件的使用。

（4）S7-PLCSIM 仿真软件的功能与应用。

（5）S7-300 系列 PLC 的 MPI 通信、PROFIBUS-DP 通信及工业以太网通信。

（6）人机界面 WinCC 的功能、组态及应用。

全书共 20 个项目，除少数项目外，其余项目按照输入/输出信号器件分析、硬件组态、地址分配、画接线图、建符号表、编写程序、S7-PLCSIM 的仿真调试或 WinCC 调试、联机调试的工程步骤编写。

本书项目典型、图文并茂、标注详细、深入浅出，适合初学者学习。本书配有电子课件和微视频讲解（扫码观看），书中介绍的颜色变化效果可在上述电子资源中查看。

本书可作为高等职业院校和应用本科院校自动化、机电一体化、应用电子及机电维修等相关专业的教材，也可作为成人教育及企业培训教材，还可作为相关技能大赛参考教材和从事 PLC 应用技术工作的工程技术人员自学用书。

**图书在版编目（CIP）数据**

PLC 应用技术图解项目化教程：西门子 S7-300 / 郑长山编著 . —2 版 . —北京：电子工业出版社，2018.8

ISBN 978-7-121-34719-1

Ⅰ . ①P… Ⅱ . ①郑… Ⅲ . ①PLC 技术—高等学校—教材 Ⅳ . ①TM571.61

中国版本图书馆 CIP 数据核字（2018）第 153601 号

策划编辑：郭乃明
责任编辑：郭乃明　特约编辑：范　丽
印　　刷：北京捷迅佳彩印刷有限公司
装　　订：北京捷迅佳彩印刷有限公司
出版发行：电子工业出版社
　　　　　北京市海淀区万寿路 173 信箱　邮编　100036
开　　本：787×1 092　1/16　印张：18.75　字数：475.2 千字
版　　次：2014 年 6 月第 1 版
　　　　　2018 年 8 月第 2 版
印　　次：2021 年 6 月第 7 次印刷
定　　价：47.00 元

前言

本书自 2014 年 6 月出版以来，深受广大读者喜爱，畅销至今，本次修订，仍然保持原来的编写风格，大部分内容保持不变，将本书重点和难点部分录制成微视频，读者通过在书中指定位置扫码，即可观看微视频学习，学习更轻松。本次修订增加了工业以太网相关知识，因为工业以太网应用逐渐增多，也是未来发展方向；另外增加了 PROFIBUS-DP 打包通信；其他变化不一一列举。

在我国现代工业应用中，西门子 S7-300 PLC 被广泛使用，市场占有率高。如何高效、轻松地学习 S7-300 PLC 应用技术已成为很多 PLC 学习者面临的迫切问题。

本人作为高校教师，经过多年教学实践发现，以项目化方式讲解西门子 S7-300 PLC 应用技术，课堂学习目标达成度高，技术掌握有针对性，随学随用，效果甚佳。**目前，有关西门子 S7-300 PLC 应用技术的学习用书中，以项目化统领知识讲解的教材极少，这给实际教学和自学带来很大不便。鉴于此，本人决定选取典型项目，以图解标注的方式，进行本书的编写。**

本书从 PLC 应用能力要求和实际工作的需求出发，在结构和组织方面大胆突破，根据项目提取学习目标，通过设计不同的项目，巧妙地将知识点和技能训练融于各个项目中。各个项目按照知识点与技能要求循序渐进，由简单到复杂进行编排，每个项目均通过"项目要求"、"学习目标"、"相关知识"、"项目解决步骤"、"巩固练习"等环节详解项目知识点和操作步骤。相关知识与技能学习贯穿于整个项目之中，真正实现了"知能合一"的学习效果。

本书与同类学习用书相比具有以下创新点：

（1）选取典型项目，项目化讲解，强调技术应用。

本书内容全部根据知识目标和能力目标精选典型项目进行讲解。为确保程序的正确性，书中程序均运行调试过。

（2）项目解决步骤采用图片讲解，标注详细，直观易学。

本书强调动手实践，学习者可以通过学习书中的项目，按照解决步骤分步操作，从而达成学习目标。步骤讲解以图片解说形式呈现，编者在图片上还给出了详细文字标注。这一方式可以变枯燥地学为有兴趣地学。学生一边看书一边用 STEP7 编程软件、PLCSIM 仿真软件、WinCC 监控软件及 S7-300 PLC（简称 S7-300）等进行操作，能轻松、快速地掌握 PLC 基本应用技术。

（3）项目由简单到复杂，符合认知规律。

本书在编排项目时，注重循序渐进，从简单的项目 1 "认识 PLC" 到复杂的项目 20 "两台 S7-300 PLC 之间的工业以太网通信（S7 连接）"，难度从易到难，符合认知规律。

（4）知识与技能有机结合。

本书遵循"学中做，做中学"的讲解思路，按照项目解决步骤详解整个实践操作过程，还将相关知识、编程原则、注意事项等穿插于整本书中，使知识与技能有机结合。

（5）在本书部分项目中，学习使用 WinCC 监控与调试，学习两地控制，对 PLC 学习者来说，既可激发对 PLC 学习的兴趣，也学习了 WinCC 知识。

使用 WinCC 监控与调试在 PLC 工程项目中应用十分广泛。本书在部分项目讲解中，通过 PLC 与 WinCC 的有机结合，与工业实际应用实现"无缝对接"，同时，WinCC 本身形象的画面、两地控制等功能，也将极大激发学习兴趣。

本书可作为高等职业院校和应用本科院校自动化、机电一体化、应用电子及机电维修等相关专业的教材，也可作为成人教育及企业培训教材，还可作为相关技能大赛参考教材和从事 PLC 应用技术工作的工程技术人员自学用书。

由于作者水平有限，书中难免有错漏之处，恳请广大读者批评指正。对本书的意见和建议请发电子邮件至 zhengchangs@126.com。

作　者
2018 年 4 月

# 目 录

# 项目 1　认识 PLC

## 1.1　项目要求及学习目标

（1）在理解基础上掌握 PLC 的定义、西门子 PLC 的外形。
（2）在理解基础上掌握 PLC 的主要特点、各种功能及其分类。
（3）了解 PLC 的产生，在理解基础上掌握 PLC 的应用范围及未来发展方向。
（4）掌握 PLC 技术的学习方法。

## 1.2　相关知识

### 1.2.1　PLC 发展史

#### 1. PLC 的定义

可编程序控制器，英文称 Programmable Controller，简称 PC。但由于 PC 容易和个人计算机 PC（Personal Computer）混淆，故人们习惯用 PLC 作为可编程序控制器的缩写。PLC 是英文 Programmable Logic Controller 的缩写。可编程序控制器是一种数字运算操作的电子系统，专为在工业环境下应用而设计。

#### 2. PLC 的产生

在 20 世纪 60 年代，汽车生产流水线的自动控制系统基本上都是由继电器控制装置构成的。当时汽车的每一次改型都直接导致继电器控制装置的重新设计和安装。随着生产的发展、人们要求的提高，汽车型号更新的周期越来越短，这样，继电器控制装置就需要经常地重新设计和安装，既浪费时间又费工费料，甚至延长了更新的周期。为了改变这一现状，美国通用汽车公司在 1969 年公开招标，要求用新的控制装置取代继电器控制装置，并提出了十项招标指标，要求编程方便、现场可修改程序、维修方便、采用模块化结构等。1969 年，美国数字设备公司（DEC）研制出第一台 PLC，在美国通用汽车自动装配线上试用，并获得成功。

早期的可编程序控制器称为可编程逻辑控制器（Programmable Logic Controller，PLC），它主要用来代替继电器实现逻辑控制。随着技术的发展，这种装置的功能已经大大超过了逻辑控制的范围。为了控制机器和生产过程，人们又为 PLC 增加了功能，比如顺序控制、计时、计数和算术、模拟量控制等，目前 PLC 已经广泛应用在复杂的自动化生产和控制行业中。

1971 年，日本从美国引进了这项技术，很快研制出日本第一台 PLC。1973 年西欧国家也研制出他们的第一台 PLC。中国从 1974 年开始研制，于 1977 年开始投入工业应用。

### 3．PLC 的外形

西门子 PLC 家族产品的外形，根据 I/O 点数、运算速度、存储容量及网络功能的不同，其趋势如图 1-1 所示。

图 1-1　S7 家族 PLC

## 1.2.2　PLC 的主要特点

### 1．可靠性高，抗干扰能力强

PLC 控制系统中，大量的开关动作是由无触点的半导体电路完成的，因触点接触不良等原因造成的故障大大减少。

硬件方面选用了优质器件，采用合理的系统结构，加固、简化安装，使它能抗振动冲击。对印制电路板的设计、加工及焊接都采取了极为严格的工艺措施。对于工业生产过程中最常见的瞬间强干扰，采取的措施主要是隔离和滤波技术。PLC 的输入和输出电路一般都用光电耦合器传递信号，做到电浮空，使 CPU 与外部电路完全切断了电的联系，有效地抑制了外部干扰对 PLC 的影响。

软件方面，PLC 具有良好的自诊断功能，一旦电源或其他软、硬件发生异常情况，CPU 立即采取有效措施，以防止故障扩大。PLC 设置了看门狗定时器（Watching Dog Timer），如果程序执行的时间超过了规定值，则表明程序已经进入死循环，可以立即报警。

对于大型 PLC 系统，还可以采用双 CPU 构成冗余系统或三 CPU 构成表决系统，使系统的可靠性更进一步提高。

### 2．编程简单易学

PLC 的设计是面向工业企业中一般电气工程技术人员的，它采用易于理解和掌握的梯形图语言，以及面向工业控制的简单指令。这种梯形图语言既继承了传统继电器控制线路的表达形式（如线圈、触点、常开、常闭），又考虑到工业企业中的电气技术人员读图习惯和微机应用水平。因此，梯形图语言对于企业中熟悉继电器控制线路图的电气工程技术人员来说是非常亲切的，它形象、直观、简单、易学。因此，无论是在生产线的设计中，还是在传统设备的改造中，电气工程技术人员都特别欢迎和愿意使用 PLC。

### 3．硬件配套齐全，用户使用、维护方便

PLC 的产品已经标准化、系列化、模块化，配备有品质齐全的各种硬件装置供用户选用，用户能灵活、方便地进行系统配置，组成不同功能、不同规模的系统。

在生产工艺流程改变或生产线设备更新或系统控制要求改变，需要变更控制系统的功能时，一般不必改变或很少改变 I/O 通道的外部接线，只要改变存储器中的控制程序即可，这在传统的继电器控制时期是很难想象的。PLC 的输入、输出端子可直接与交流 220V、直流 24V 等规格的电源相连，并有较强的带负载能力。

编程器不仅能对 PLC 控制程序进行写入、读出、检测、修改，还能对 PLC 的工作进行监控，根据 PLC 输入/输出 LED 指示灯提供的信息，可以快速查明问题原因，根据原因进行修理，如果是 S7-300 PLC 本身故障，在维修时只需要更换插入式模块或其他易损件即可，既方便又快捷。

### 4．设计、施工、调试周期短

用 PLC 完成一项控制工程时，由于其硬、软件齐全，设计和施工可同时进行。由于用软件编程取代了继电器硬接线实现控制功能，使得控制柜的设计及安装接线工作量大为减少，缩短了施工周期。同时，由于用户程序大都可以在实验室模拟调试，模拟调试好后再用 PLC 控制系统在生产现场进行联机调试，使得调试方便、快速、安全，因此大大缩短了设计和投运周期。

### 5．体积小，能耗低

PLC 的结构紧凑、体积小、重量轻，复杂的控制系统使用 PLC 后，可以减少大量的中间继电器和时间继电器。小型 PLC 体积仅相当于几个继电器的大小。PLC 控制系统与继电器控制系统相比，配线用量和安装接线所需工时减少，加上开关柜体积的缩小，可以减少大量的费用。

### 6．功能强，性价比高

一台小型 PLC 有成百上千个可供用户使用的编程元件，可以实现非常复杂的控制功能。与实现相同功能的继电器接触器控制系统相比，具有很高的性价比。

## 1.2.3　PLC 的主要功能

### 1．顺序逻辑控制

顺序逻辑控制是 PLC 最基本、最广泛的应用领域，用来取代继电器控制系统，实现逻辑

控制和顺序控制。它既可用于单机控制或多机控制，又可用于自动化生产线的控制。PLC 根据操作按钮、限位开关及其他现场给出的指令信号和传感器信号，控制机械运动部件进行相应的操作。

## 2．运动控制

很多 PLC 制造厂家已提供了拖动步进电动机或伺服电动机的单轴或多轴位置控制模块。在多数情况下，PLC 把描述目标位置的数据送给模块，模块移动一个轴或数个轴到目标位置。当每个轴移动时，单轴或多轴位置控制模块保持适当的速度和加速度，确保运动平滑。这一功能目前已用于控制无心磨削、冲压、复杂零件分段冲裁、滚削、磨削等应用中。

## 3．定时控制

PLC 为用户提供了一定数量的定时器，一般每个定时器可实现 0.1 秒～999.9 秒或 0.01 秒～99.99 秒的定时控制，也可按一定方式进行定时时间的扩展。定时精度高，定时设定方便、灵活。同时 PLC 还提供了高精度的时钟脉冲，用于准确的实时控制。

## 4．计数控制

PLC 为用户提供的计数器分为普通计数器、可逆计数器、高速计数器等，用来完成不同用途的计数控制。当计数器的当前计数值等于计数器的设定值，或在某一数值范围时，发出控制命令。计数器的计数值可以在运行中被读出，也可以在运行中进行修改。

## 5．步进控制

PLC 为用户提供了一定数量的移位寄存器，用移位寄存器可方便地完成步进控制功能。在一道工序完成之后，自动进行下一道工序。一个工作周期结束后，自动进入下一个工作周期。有些 PLC 还专门设有步进控制指令，使得步进控制更为方便。

## 6．数据处理

大部分 PLC 都具有不同程度的数据处理功能，如 F2 系列、C 系列、S5 系列 PLC 等，能完成数据运算（加、减、乘、除、乘方、开方等），逻辑运算（字与、字或、字异或、求反等），移位、数据比较和传送及数值的转换等操作。

## 7．过程控制

PLC 可以接收温度、压力、流量等连续变化的模拟量，通过模拟量 I/O 模块，实现模拟量和数字量之间的转换，并对被控模拟量实行闭环 PID 控制。

## 8．通信及联网

目前绝大多数 PLC 都具备了通信能力，把 PLC 作为下位机，与上位机或同级的 PLC 进行通信，可完成信息的交换，实现对整个生产过程的信息控制和管理，因此 PLC 是工厂自动化的理想控制器。

## 1.2.4　PLC 的分类、应用及发展

### 1. 根据 I/O 点数分类

PLC 的输入/输出点数表明了 PLC 可从外部接收多少个输入信号、向外部发出多少个输出信号，实际上就是 PLC 的输入/输出端子数。根据 I/O 点数的多少可将 PLC 分为微型机（I/O 点数为 64 点以下，内存容量为 256B～1KB）、小型机（I/O 点数为 65～128 点，内存容量为 1～3.6KB）、中型机（I/O 点数为 129～512 点，内存容量为 3.6～13KB）、大型机（I/O 点数为 513～896 点，内存容量为 13KB）和巨型机（I/O 点数大于 896 点，内存容量大于 13KB）。一般来说，点数多的 PLC，功能也相应较强。

上述划分方式并不十分严格，也不是一成不变的。随着 PLC 的发展，划分标准也会修改。

### 2. 根据结构形式分类

#### 1）整体式 PLC

一般的微型机和小型机多为整体式结构。这种结构 PLC 的电源、CPU、I/O 部件都集中配置在一个箱体中，有的甚至全部装在一块印制电路板上。如图 1-2 所示的西门子公司的 S7-200 PLC 即是整体式 PLC。

图 1-2　S7 224XP CPU 整体式 PLC 面板结构图

它的优点：结构紧凑、体积小、成本低、重量轻、容易装配在工业控制设备内部，比较适合设备单机控制。缺点：输入/输出点数是固定的，使用不够灵活，维修也较麻烦。

#### 2）模块式 PLC

模块式 PLC 各部分以单独的模块分开设置，如电源模块、CPU 模块、输入模块、输出模块及其他智能模块等。S7-300 PLC 为串行连接，没有底板，各个模块安装在机架（导轨）上，而各个模块之间是通过背板总线连接的。这种结构的 PLC 配置灵活，装备方便，维修简单，易于扩展，可根据控制要求灵活配置所需模块，构成功能不同的各种控制系统。模块式 PLC 的缺点是结构较复杂，体积比较大，各种插件多，因而增加了造价。S7-300 PLC 种类很多，

任选一种如图 1-3 所示。

图 1-3 S7-300 PLC 外形

它的优点：配置灵活，装备方便，维修简单，易于扩展。

### 3．根据生产厂家分类

（1）德国西门子（SIEMENS）公司的 S5 系列、S7 系列。

（2）日本欧姆龙（OMRON）公司的 C 系列。

（3）日本三菱（MITSUBISHI）公司的 FX 系列。

（4）日本松下（PANASONIC）公司的 FP 系列。

（5）法国施耐德（SCHNEIDER）公司的 TWIDO 系列。

（6）美国通用电气（GE）公司的 GE-FANUC 系列。

（7）美国 AB 公司的 PLC-5 系列。

在全世界约 200 家可编程控制器生产厂商中，美国的 AB 公司、GE-FANUC 公司、德国的 SIEMENS 公司、法国的 SCHNEIDER MODICON 公司、日本的 MITSUBISHI 公司和 OMRON 公司的产品占据了 60%的市场份额。

从市场份额来看，第一位是 SIEMENS 公司，约占有 30%的市场份额；第二位是 AB 公司，约占有 18%的市场份额；第三位是 SCHNEIDER，约占有 12%的市场份额。剩下的被包括 OMRON 等 200 多家 PLC 厂商占领。

按市场占有率排序，一流厂商包括：SIEMENS，AB，SCHNEIDER MODICON，GE-FANUC；二流厂商包括：MITSUBISHI，OMRON，PANASONIC 和 FUJITON；三流厂商包括：LG 和台达等。

### 4．PLC 的应用范围

PLC 控制技术代表了当今电气控制技术的世界先进水平，它与计算机辅助设计与制造（CAD/CAM）、工业机器人并列为工业自动化的三大支柱。

作为一种通用的工业控制器，PLC 可用于所有的工业领域。当前国内外已广泛地将 PLC 成功地应用到机械、汽车、冶金、石油、化工、轻工、纺织、交通、电力、电信、采矿、建材、食品、造纸、军工、家电等各个领域，并且取得了相当可观的技术经济效益。

### 5. PLC 的发展趋势

1）系列化、模块化

每个生产 PLC 的厂家几乎都有自己的系列化产品，同一系列的产品指令向上兼容，以便扩展设备容量，满足新机型的推广和使用。要形成自己的系列化产品，与其他 PLC 生产厂家竞争，就必然要开发各种模块，使系统的构成更加灵活、方便。一般的 PLC 可分为主模块、扩展模块、I/O 模块以及各种智能模块等，每种模块的体积都较小，相互连接方便，使用更简单，通用性更强。

2）小型机功能强化

从可编程控制器出现以来，小型机的发展速度大大高于中、大型 PLC。随着微电子技术的进一步发展，PLC 的结构必将更为紧凑，体积更小，而安装和使用更为方便。有的小型机只有手掌大小，很容易用其制成机电一体化产品。有的小型机的 I/O 可以以点为单位由用户配置、更换或维修。很多小型机不仅有开关量 I/O，还有模拟量 I/O、高速计数器、高速直接输出和 PWM 输出等。小型机一般都有通信功能，可联网运行。

3）中、大型机高速度、高功能、大容量

现在对中、大型机处理数据的速度要求越来越高，OMRON 公司的 CV 系列，每条基本指令的扫描时间为 0.125 微秒，而 SIEMENS 公司的 TI555 采用了多微处理器，每条基本指令的扫描时间为 0.068 微秒。

所谓高功能是指具有函数运算和浮点运算，数据处理和文字处理，队列、矩阵运算，PID运算及超前、滞后补偿，多段斜坡曲线生成，处方、配方、批处理，菜单组合的报警模块，故障搜索、自诊断等功能。

在存储器的容量上，OMRON 公司的 CV 系列 PLC 的用户存储器容量为 64K 字，数据存储器容量为 24K 字，文件存储器容量为 1M 字。

4）低成本

随着新型器件的不断涌现，主要部件成本的不断下降，人们在大幅度提高 PLC 功能的同时，也大幅度降低了 PLC 的成本。同时，价格的不断降低，也使 PLC 真正成为继电器的替代物。

5）多功能

PLC 的功能不断加强，以适应各种控制需要。同时，计算、处理功能的进一步完善，使PLC 可以代替计算机进行管理、监控。智能 I/O 组件也将进一步发展，用来完成各种专门的任务（如：位置控制、温度控制、中断控制、PID 调节、远程通信、音响输出等）。

6）网络通信功能

PLC 可以不再是一个孤岛，网络化和增强通信能力是 PLC 的一个重要发展趋势。很多工业控制产品（例如变频器）可以与 PLC 通信，PLC 与 PLC 之间可以通信，通过双绞线、同轴电缆或光纤联网，信息可以传送到几十公里远的地方，通过 Modem 和互联网可以与世界上其他地方的计算机装置通信。

组态软件引发的上位计算机编程革命，使上位计算机与 PLC 交换数据信息很容易实现，节约了设计时间，提高了系统可靠性，使工作人员可以直观地监控到系统运行状态。组态软件有 WinCC、Intouch、Fix、组态王、力控等。

7）外部诊断功能

在 PLC 控制系统中，80%的故障发生在外围，能快速准确地诊断故障将极大减少维护时间。

## 1.2.5　PLC 技术的学习方法

PLC 技术是一门强调实践的课程，如果不动手，只是看书，是不能学好 PLC 的。看十遍书，不如动一次手。所以学习 PLC 的过程就是实践、实践、再实践。学习者边学边做本书全部项目，完成每个项目后的巩固练习，当然课前预习、课后复习也必不可少。

# 1.3　项目解决步骤

步骤 1　讲述 PLC 定义。
步骤 2　讲述可编程控制器是如何产生的。
步骤 3　讲述 PLC 特点及功能。
步骤 4　举例说明 PLC 分类、应用范围及未来 PLC 发展趋势。
步骤 5　讲述 PLC 技术的学习方法。

# 巩固练习一

（1）可编程控制器是如何产生的？
（2）整体式 PLC 与模块式 PLC 各有什么特点？
（3）可编程控制器如何分类？
（4）当代可编程控制器的发展趋势是什么？
（5）上网查找关于 PLC 用途的图片和视频，并附上简短文字，用于课堂交流。
（6）上网查找市场上出售较多的品牌 PLC，并搜集这些品牌 PLC 的图片，制作成 PPT，用于课堂交流。

# 项目 2　典型 S7-300 PLC 硬件控制系统安装

## 2.1　项目要求及学习目标

（1）理解并能掌握中央处理器 CPU 的功能。
（2）掌握典型 S7-300 PLC 硬件外观结构图、CPU 模块种类。
（3）掌握信号模块、电源模块、编程器的功能及应用。
（4）了解智能 I/O 接口、通信接口、HMI 及 S7-300 PLC 结构特点。
（5）能独立操作完成典型 S7-300 PLC 硬件的安装。
（6）掌握典型 S7-300 PLC 的硬件安装注意事项。

## 2.2　相关知识

### 2.2.1　S7-300 PLC 的硬件结构

S7-300 系列的 PLC 是中型模块式 PLC，各种模块（CPU 模块、信号模块 SM、功能模块 FM、通信模块 CP、电源模块 PS 等）及人机界面（HMI），可以根据控制要求进行广泛的组合和扩展。典型 S7-300 模块式 PLC 的硬件外观结构如图 2-1 所示。

图 2-1　典型 S7-300 模块式 PLC 的硬件外观结构

基于模块化结构设计的 S7-300 PLC 系列安装结构如图 2-2 所示。背板总线集成在模块上，除了电源模块，其他模块之间通过总线连接器相连。

图 2-2　S7-300 PLC 系列安装结构

## 2.2.2　CPU 模块种类

**1．中央处理器 CPU 的功能**

（1）接收与存储用户由编程器输入的用户程序和数据。

（2）检查编程过程中的语法错误，诊断电源及 PLC 内部的工作故障。

（3）用扫描方式工作，接收来自现场的输入信号，并输入到输入映像寄存器和数据存储器中。

（4）在进入运行方式后，从存储器中逐条读取并执行用户程序，完成用户程序所规定的逻辑运算、算术运算及数据处理等操作。

（5）根据运算结果，更新有关标志位的状态，刷新输出映像寄存器的内容，再经输出部件实现输出控制、打印制表或数据通信等功能。

S7-300 PLC 有各种型号的 CPU，适用于不同等级的控制要求，有的 CPU 模块集成了数字量 I/O，有的同时集成了数字量的 I/O 和模拟量 I/O。

CPU 内的元件封装在一个精致的塑料壳内，面板上有状态和故障 LED 指示灯、模式选择开关和通信接口（参见图 2-3）。微存储卡插槽可以插入容量多达数兆字节的微存储卡（MMC），用于断电后程序和数据的保存。MMC 卡是 CPU 的装载存储器，程序和数据下载后保存在 MMC 卡内。

**2．CPU 模块分类**

1）紧凑型 CPU 系列

S7-31xC 有 6 种紧凑型 CPU：CPU312C、CPU313C 、CPU313C-2PtP 、CPU313C-2DP、

CPU314C-2PtP、CPU 314C-2 DP。它们均集成了数字量输入和输出，有的集成了模拟量的输入和输出，还有些集成了高速计数、频率测量、脉冲输出、闭环控制和定位等技术功能，脉宽调制频率最高为 2.5kHz。CPU 运行时需要微存储卡。型号中带 DP 的 CPU 有 DP 接口，型号中带 PtP 的 CPU 表示有点对点串行通信接口。

2）标准型 CPU 系列

标准型 CPU 包括 CPU312、CPU314、CPU315-2DP、CPU315-2PN/DP、CPU317-2DP、CPU317-2PN/DP 和 CPU319-3 PN/DP。型号中带有 PN/DP 的 CPU 表示带有以太网 PN 接口和 MPI/DP 接口。

3）技术功能型 CPU 系列

CPU315T-2DP 和 CPU317T-2DP 有极高的处理速度，用于对 PLC 性能以及运动控制功能具有较高要求的设备。除了准确的单轴定位功能外，上述两款 CPU 还适用于复杂的同步运动控制，一个通信接口是 DP/MPI 接口，另一个 DP 接口用于连接带 PROFIBUS 接口的驱动系统。技术功能型 CPU 还有本机集成的 4 点数字量输入和 8 点数字量输出，使用标准的编程语言编程，无须专用的运动控制语言。

4）故障安全型 CPU 系列

故障安全型 CPU 包括 CPU315F-2DP、CPU315F-2PN/DP、CPU317F-2DP 和 CPU317F-2PN/DP。它们用于组成故障安全型自动化系统，以满足安全运行的需要，使用内置的 DP 接口和 PROFIsafe 协议，可以在标准数据报文中传输带有安全功能的用户数据。不需要对故障安全 I/O 进行额外的布线，就可以实现与故障安全有关的通信。

5）SIPLUS 户外型 CPU

SIPLUS CPU 包括 SIPLUS 介于紧凑型 CPU、SIPLUS 标准型 CPU 和 SIPLUS 故障安全型 CPU。这些模块可以在环境温度介于 −25～+70℃和含有有害气体的环境中运行。

CPU 31xC 系列的 CPU 模块的结构图如图 2-3 所示。

图 2-3　CPU 31xC 系列的模块的结构

### 3．常用 S7-300 CPU 模块的主要特性

常用 S7-300 CPU 模块的主要特性如表 2-1 所示。

表 2-1　常用 S7-300 CPU 模块的主要特性

| CPU 参数 | CPU 312 | CPU 312C | CPU 313C | CPU313 C-2PtP | CPU313 C-2DP | CPU 314 | CPU314 C -PtP | CPU 314C-2 DP | CPU31 5-2DP | CPU31 7-2DP |
|---|---|---|---|---|---|---|---|---|---|---|
| 用户内存/KB | 16 | 16 | 32 | 32 | 32 | 48 | 48 | 48 | 128 | 512 |
| 最大 MMC（MB） | 4 | 4 | 8 | 8 | 8 | 8 | 8 | 8 | 8 | 8 |
| 自由编址 | YES | YES | YES | YES | YES | YES | YES | YES | YES | YES |
| DI/DO | 256 | 256/256 | 992/992 | 992/992 | 992/992 | 1024 | 992/992 | 992/992 | 1024 | 1024 |
| AI/AO | 64 | 64/32 | 246/124 | 248/124 | 248/124 | 256 | 248/124 | 248/124 | 256 | 256 |
| 处理1KB指令时间（ms） | 0.2 | 0.1 | 0.1 | 0.1 | 0.1 | 0.1 | 0.1 | 0.1 | 0.1 | 0.1 |
| 位存储器 | 1024 | 1024 | 2048 | 2024 | 2048 | 2048 | 2048 | 2048 | 16 384 | 32 768 |
| 计数器 | 128 | 128 | 256 | 256 | 256 | 256 | 256 | 256 | 256 | 512 |
| 定时器 | 128 | 128 | 256 | 256 | 256 | 256 | 256 | 256 | 256 | 512 |
| 集成通信连接 MPI/DP/ PtP | Y/N/N | Y/N/N | Y/N/N | Y/N/Y | Y/Y/N | Y/N/N | Y/N/Y | Y/Y/N | Y/Y/N | Y/Y/N |
| 集成 DI/DO | 0/0 | 10/6 | 24/16 | 16/16 | 16/16 | 0/0 | 24/16 | 24/16 | 0/0 | 0/0 |
| 集成 AI/AO | 0/0 | 0/0 | 4+1/2 | 0/0 | 0/0 | 0/0 | 4+1/2 | 4+1/2 | 0/0 | 0/0 |

### 4．CPU 模式选择开关

（1）RUN 位置：CPU 执行用户程序。

（2）STOP 位置：不执行用户程序。

（3）MRES 位置：复位存储器位置。MRES 键按下后不能保持，会弹回来。

### 5．复位存储器（MRES）的操作步骤

将模式选择开关拨到 MRES 并保持（按住不松手），直到 STOP 指示灯第二次亮起并持续点亮，再释放模式选择开关，在 3 秒内，将模式选择开关拨回到 MRES，STOP 指示灯开始快速闪烁，表示正在执行复位，当 STOP 指示灯再次恢复常亮时，CPU 存储器复位完成。

对于新型免维护 S7-300 PLC，使用模式选择开关 MRES 无法删除 MMC 中的数据，只能删除工作存储器中内容，并复位所有的 M、T、C 和 DB 块中的实际值。

新型 CPU 是免维护的，用户程序保存在 MMC 中，不需要电池。

### 6．用于状态和故障显示的 LED 指示灯

CPU 模块 LED 指示灯位置如图 2-4 所示。

SF（红色）灯亮：CPU 硬件故障或软件错误。

BF 指示灯亮（总线错误，红色）：通信接口或总线有故障。

DC5V 指示灯：用于 CPU 和 S7-300 的 5VDC 电源指示，正常则灯亮。

FRCE 指示灯亮：表示处在强制状态。

RUN 指示灯亮：表示处在运行状态。

STOP 指示灯亮：表示 CPU 处于"STOP"或"HOLD"或"重新启动"状态。

### 7. SIMATIC 微存储卡（MMC）

SIMATIC 微存储卡用于断电时保存用户程序和某些数据，可以扩展 CPU 的存储器容量，也可以将有些操作系统包括在卡中，这对操作系统的升级是非常方便的。如果在使用 PLC 过程中拔下 SIMATIC 微存储卡，卡中的数据会被破坏。

**注意**：只有在断电状态或 CPU 处于 STOP 状态时，并且 PG 未向卡中写入数据的情况下，才能取下存储卡，严禁带电插拔 MMC 卡，以免烧坏。读写以及格式化 MMC 卡需要通过西门子公司的编程器或西门子公司专有的读卡器进行。64KB 的 MMC 卡如图 2-5 所示。

图 2-4　CPU 模块 LED 指示灯位置

图 2-5　64KB 的 MMC 卡

### 8. MPI 口及其他

所有的 CPU 模块都有一个 MPI（多点接口），用于实现 PLC 与编程器/计算机（PG/PC）以及操作员接口的通信。根据型号不同，S7-300 PLC 上有 PROFIBUS-DP 接口或 PtP 接口。

电源模块上的 L+和 M 端子分别是 DC24V 输出电压的正极和负极，可以用专用的电源连接器或导线连接电源模块和 CPU 模块的 L+和 M 端子。

## 2.2.3　信号模块（SM）

信号模块（SM），包括数字量（开关量）输入模块（DI）、数字量（开关量）输出模块（DO）、数字量输入/输出（DI/DO）模块、模拟量输入（AI）模块、模拟量输出（AO）模块、模拟量输入/输出（AI/AO）模块、FM 模块等。

S7-300 系列 PLC 的输入/输出模块的外部接线接在插入式前连接器的端子上，前连接器插在前门后面的凹槽内。这样不需要断开前连接器上的外部接线，就可以迅速地更换模块。第一次插入前连接器时，它被编码，以后该前连接器只能插入同样类型的模块中。

信号模块上的 LED 灯用来显示各数字量输入/输出点的信号状态，现场输入信号触点接通时，相应地址的模块上 LED 灯亮，当有输出信号时，相应地址的模块上 LED 灯亮，根据这一特点，结合程序的监控状态来调试程序是很方便的。模块安装在 DIN 标准导轨上，通过总线连接器与相邻的模块连接。模块的默认地址由模块所在位置决定，也可以用 STEP 7 软件在硬件组态中指定模块的地址。

PLC 的前连接器、前门和模块面板 LED 灯的位置如图 2-6 所示。

图 2-6  前连接器、前门和模块上 LED 灯的位置

### 1. 数字量模块

#### 1）数字量输入（DI）模块 SM321

来自现场的开关信号有按钮信号、各种行程开关信号、过载信号、继电器触点的断开和闭合信号、传感器信号等。数字量输入模块将来自现场的开关信号电平转换成 PLC 内部信号电平，经过光电隔离和滤波后，送到输入缓冲区等待 CPU 采样，采样后的信号状态经过背板总线进入到输入映像寄存器区。

用于采集直流信号的模块称为直流输入模块，其名称含有 24V DC，额定输入电压为直流 24V；用于采集交流信号的模块称为交流输入模块，其名称含 120/230V AC，额定输入电压为交流 120V 或 230V。如果信号线不是很长，PLC 所处的物理环境较好，电磁干扰较轻，应考虑优先选用 DC24V 的直流输入模块。交流输入方式适合于在有油雾、粉尘的恶劣环境下使用。

对用户来说，数字量输入模块 SM321 有多种型号的模块可供选择，分别是 DC16 点输入、DC32 点输入、AC16 点输入、AC8 点输入模块。

数字量输入模块上每个输入点的输入状态是用一个绿色的发光二极管 LED 指示灯来显示的，输入开关闭合，发光二极管 LED 点亮。反之，输入开关断开时，发光二极管 LED 灯灭。

直流 16 点数字量输入模块的端子接线图如图 2-7 所示。

#### 2）数字量输出（DO）模块 SM322

由 PLC 产生的各种输出控制信号经输出接口去控制和驱动负载（如指示灯的亮或灭、电动机的启停或正反转、设备的转动、平移、升降、阀门的通断等）。所以 PLC 输出接口所带的

负载，通常是接触器的线圈、电磁阀的线圈、信号指示灯等。

按负载回路使用的电源不同，数字量输出模块可以分为直流输出模块、交流输出模块、交直流两用输出模块。

图 2-7　直流 16 点数字量输入模块的端子接线图

按输出开关器件的种类不同，可分为晶体管输出型、双向晶闸管（可控硅）输出型和继电器输出型。如图 2-8，图 2-9，图 2-10 所示。

以上两种分类方式有密不可分的关系。晶体管输出型用于直流负载或 TTL 电路，属于直流输出模块；双向晶闸管（可控硅）输出型适用于交流负载，属于交流输出模块。继电器输出型既可用于直流负载，又可用于交流负载，属于交直流两用输出模块。从响应速度上看，晶体管响应最快，继电器响应最慢；从安全隔离效果及应用灵活性角度看，继电器输出型的性能是最好的，使用时，只要外接一个与负载要求相符的电源即可，因而采用继电器输出型，对用户来说显得方便和灵活，但由于它采用有触点输出，所以它的工作频率不能很高，工作寿命不如无触点的半导体元件长。

图 2-8　晶体管输出型

如果采用继电器输出型来接通或断开，作为数字量的输出，则更为自由和方便，而且它的适用场合更普遍。因此，在对动作时间和动作频率要求不高的情况下，常采用继电器输出方式。

继电器输出型接口在交流电压不高于 250V 的电路中的驱动能力为：纯电阻负载为 2A/1 点；感性负载为 80VA 以下（AC 100V 或 AC 200V）；灯负载为 100W 以下（AC 100V 或 AC 200V）。继电器输出型接口响应时间最长，从输出继电器的线圈得电（或断电）到输出接点 ON（或 OFF）的响应时间均为 10ms。

图 2-9 双向晶闸管（可控硅）输出型

图 2-10 继电器输出型

根据输出点数的要求，SM322 有 7 种输出模块，32 点数字量晶体管输出模块的端子接线图如图 2-11 所示。

图 2-11 32 点数字量晶体管输出模块的端子接线图

16 点数字量继电器输出模块的端子接线图如图 2-12 所示。

通道号

绿色状态指示灯

图 2-12　16 点数字量继电器输出模块的端子接线图

各种类型的数字量输出模块具体参数如表 2-2 所示。

表 2-2　SM322 模块具体参数

| SM322 模块 | | 16 点<br>晶体管 | 32 点<br>晶体管 | 16 点<br>晶闸管 | 8 点<br>晶体管 | 8 点<br>晶闸管 | 8 点<br>继电器 | 16 点<br>继电器 |
|---|---|---|---|---|---|---|---|---|
| 输出点数 | | 16 | 32 | 16 | 8 | 8 | 8 | 16 |
| 额定电压（V） | | DC24 | DC24 | AC120 | DC24 | AC120/230 | — | — |
| 额定电压范围（V） | | DC20.4～28.8 | DC20.4～28.8 | AC93～132 | DC20.4～28.8 | AC93～264 | — | — |
| 与总线隔离方式 | | 光耦合 | 光耦合 | 光耦合 | 光耦合 | 光耦合 | 光耦合 | 光耦合 |
| 最大输出<br>电流 | "1" 信号（A） | 0.5 | 0.5 | 0.5 | 2 | 1 | — | — |
| | "0" 信号（mA） | 0.5 | 0.5 | 0.5 | 0.5 | 2 | — | — |
| 最小输出电流<br>（"1" 信号）（mA） | | 5 | 5 | 5 | 5 | 10 | — | — |
| 触点开关容量（A） | | — | — | — | — | — | 2A | 2A |
| 触点开关<br>频率（Hz） | 阻性负载 | 100 | 100 | 100 | 100 | 10 | 2 | 2 |
| | 感性负载 | 0.5 | 0.5 | 0.5 | 0.5 | 0.5 | 0.5 | 0.5 |
| | 灯负载 | 100 | 100 | 100 | 100 | 1 | 2 | 2 |
| 触点使用寿命/次 | | — | — | — | — | — | $10^6$ | $10^6$ |
| 短路保护 | | 电子保护 | 电子保护 | 熔断保护 | 电子保护 | 熔断保护 | — | — |
| | 诊断 | — | — | 红色 LED<br>指示 | — | 红色 LED<br>指示 | — | — |
| 最大电流<br>消耗/mA | 从背板总线 | 80 | 90 | 184 | 40 | 100 | 40 | 100 |
| | 从 L+ | 120 | 200 | 3 | 60 | 2 | — | — |
| 功率损耗（W） | | 4.9 | 5 | 9 | 6.8 | 8.6 | 2.2 | 4.5 |

3）数字量输入/输出（DI/DO）模块 SM323

SM323 数字量输入/输出模块的特点是在一块模块上同时具有数字量输入点和数字量输出点，有两种类型：一种带有 8 个共地输入端和 8 个共地输出端，另一种带有 16 个共地输入端和 16 个共地输出端，这两种模块的输入/输出特性相同。I/O 额定负载电压为 DC24V，输入电压："1"信号电平为 11～30V，"0"信号电平为−3～+5V，通过光耦合器与背板总线隔离。在额定输入电压下，输入延迟为 1.2～4.8ms。输出具有短路保护功能。

8 点输入/8 点输出的直流模块的端子接线图如图 2-13 所示。

图 2-13　8 点输入/8 点输出的直流模块的端子接线图

## 2．模拟量模块

在生产过程中，存在大量模拟量，如压力、温度、速度、流量、黏度等，而 PLC 作为数字控制器不能够直接处理连续数据。因此，必须对这些模拟量进行离散化，这就是模/数（A/D）转换。另外，控制这些模拟量的执行器多数接收的也是模拟量，所以，PLC 处理过的数据还必须进行数/模（D/A）转换，变成连续的模拟信号（如电压、电流）来驱动执行器动作。

在生产过程中，大量连续变化的模拟量需要用 PLC 来测量或控制，如压力、温度、速度、液位、电压、电流等，变送器用于将传感器提供的非电量或电量转换为标准量程的直流电压或直流电流信号，如 DC0~10V 和 DC4~20 mA。

模拟量 I/O 接口模块的模拟输入信号或模拟输出信号可以是电压，也可以是电流。可以是单极性的，如 0～10V、1～5V、4～20mA 等；也可以是双极性的，如±10V、±20mA 等。

1）模拟量输入（AI）模块 SM331

SM331 模块主要由 A/D 转换器、切换开关、恒流源、补偿电路、光隔离器及逻辑电路组成。它将控制过程中的模拟信号转换为 PLC 内部处理用的数字信号。

2）模拟量输出（AO）模块 SM332

SM332 模块用于将 S7-300 PLC 的数字信号转换成系统所需的模拟量信号，以控制模拟量调节器或执行机构。SM332 目前有 4 种规格：AO8×12 位、AO4×12 位、AO2×12 位和 AO4×16 位。

3）模拟量输入/输出（AI/AO）模块 SM334

SM334 模块是在一块模块上同时具有模拟量输入/输出功能，目前有两种规格，都是 4AI/2AO。一种是输入/输出精度为 8 位的模块，另一种是输入/输出精度为 12 位的模块。

## 2.2.4　电源（PS）模块 PS307

PLC 的外部工作电源一般为单相 85～260V、50/60Hz 交流电源，也有采用 24～26V 直流电源的。使用单相交流电源的 PLC，往往还能同时提供 24V 直流电源，供直流输入使用。PLC 对于外部工作电源的稳定度要求不高，一般可允许±15%左右的波动。

对于在 PLC 的输出端子上接的负载所需的负载工作电源，必须由用户提供。

PLC 的内部电源系统一般有三类：第一类是供 PLC 中的 TTL 芯片和集成运算放大器使用的基本电源（+5V 和±15V 直流电源）；第二类电源是供输出接口使用的高压大电流的功率电源；第三类电源是锂电池及其充电电源。考虑到系统的可靠性及光电隔离器的使用，不同类电源具有不同的地线。此外，根据 PLC 的规模及所允许扩展的接口模块数，各种 PLC 的电源种类和容量往往是不同的。

电源模块 PS307 用于将 120/230V 交流电压转换为 24V 直流电压，根据输出电流的不同，有 3 种规格的电源模块可选：2A、5A、10A。

电源模块 PS307 的外观如图 2-14 所示。

电源指示灯

电源开关

图 2-14　电源模块 PS307 的外观

### 2.2.5 编程器

编程器用于用户程序的输入、编辑、调试和监视，还可以通过其键盘去调用和显示 PLC 的一些内部继电器状态和系统参数。它经过编程器接口与 CPU 联系，完成人机对话。

用 PC 作为编程器：目前在不需要用编程器进行实时监控的场合，经常采用能够运行 STEP 7 编程软件的个人计算机作为编程器。

由 PLC 生产厂家生产的专用编程器使用范围有限，价格一般也较高。在个人计算机不断更新换代的今天，出现了以个人计算机（IBM PC/AT 及其兼容机）为基础的编程系统。大多数厂家只向用户提供编程软件，而个人计算机则由用户自己选择。由 PLC 生产厂家提供的个人计算机被改装，以适应工业现场相当恶劣的环境，如对键盘和机箱加以密封，并采用密封型的磁盘驱动器，以防止外部脏物进入计算机，使敏感的电子元件失效。这样，被改装的 PC 就可以工作在较高的温度和湿度条件下，能够在类似于 PLC 的运行环境中长期可靠地工作。

这种方法的主要优点是使用了价格较便宜的、功能很强的通用个人计算机，有的用户还可以使用现有的个人计算机，因此，可以用最少的投资获取高性能的 PLC 程序开发系统。对于不同厂家和型号的 PLC，只需要更换编程软件即可。这种系统的另一个优点是可以使用一台个人计算机为所有的工业智能控制设备编程，还可以作为 CNC、机器人、工业电视系统和各种智能分析仪器的软件开发工具。

个人计算机的 PLC 程序开发系统的软件一般包括以下几个部分：

（1）编程软件：这是最基本的软件，它允许用户生成、编辑、储存和打印梯形图程序和其他形式的程序。

（2）文件编制软件：它与程序生成软件一起，可以对梯形图中的每一个触点和线圈加上英文注释，指出它们在程序中的作用，并能在梯形图中提供附加的注释，解释某一段程序的功能，使程序容易阅读和理解。

（3）数据采集和分析软件：在工业控制计算机中，这一部分软件功能已相当常见。个人计算机可以从 PLC 控制系统中采集数据，并可用各种方法分析这些数据，然后将结果用条形统计图或扇形统计图的形式显示出来。

（4）实时操作员接口软件：这一类软件向个人计算机提供实时操作的人机接口，被用来作为系统的监控装置，通过显示器告诉操作人员系统的状况和可能发生的各种报警信息。操作员可以通过操作员接口键盘（有时也可能直接用个人计算机的键盘）输入各种控制指令，处理系统中出现的各种问题。

（5）仿真软件：它允许工业控制计算机对工厂生产过程进行系统仿真，过去这一功能只有大型计算机系统才有。它可以对现有的系统进行有效的检测、分析和调试，也允许系统的设计者在实际系统建立之前，反复地对系统仿真，用这个方法，可以及时发现系统中存在的问题，并加以修改。还可以缩短系统设计、安装和调试的总工期，避免不必要的浪费和因设计不当造成的损失。

### 2.2.6 智能 I/O 接口

为适应和满足更加复杂控制功能的需要，PLC 生产厂家均制作了各种不同功能的智能 I/O

接口，这些 I/O 接口板上一般都有独立的微处理器和控制软件，可以独立地工作，以便减少 CPU 模块的压力。

在众多的智能 I/O 接口中，常见的有满足位置控制需要的位置闭环控制接口模块；有快速 PID 调节器的闭环控制接口模块；有满足计数频率高达 100kHz 甚至上兆赫兹的高速计数器接口模块。用户可根据控制系统的特殊要求，选择相应的智能 I/O 接口。

### 2.2.7 通信接口

通信接口有串行接口和并行接口两种，它们都在专用系统软件的控制下，遵循国际上多种规范的通信协议来工作。用户应根据不同的设备要求选择相应的通信方式并配置合适的通信接口。

通信接口是专用于数据通信的一种智能模块，它主要用于人机对话或机机对话。PLC 通过通信接口可以与打印机、监视器相连，也可与其他的 PLC 或上位计算机相连，构成多机局部网络系统或多级分布式控制系统，或实现管理与控制相结合的综合系统。

### 2.2.8 人机操作界面 HMI

HMI 是人机界面（Human Machine Interface）的缩写，用于实现操作和监控、显示事件信息、配方、数据记录等功能。

#### 1. 触摸屏

触摸屏是通过触摸在屏幕画面上的按钮即可进行直观操作的装置。它可以对要监控的机器和生产过程进行真实的图形显示。WinCC Flexible 是西门子触摸屏软件。

#### 2. 组态软件 SIMATIC WinCC

WinCC 是用于过程、机床和工厂的监控及操作的基本系统，适用于所有自动化领域。WinCC 具有一组强大的功能模块：

变量管理器：用于管理内部变量和外部变量。

图形编辑器：用于可自由组态的监控和操作。

报警记录编辑器：用于在 DIN19-235 的基础上获取事件和存档。

变量记录编辑器：用于压缩和存储被测数值和菜单处理。

报表编辑器：用于受时间控制和事件驱动的带有可自由组态的项目文件。

### 2.2.9 S7-300 PLC 结构特点

#### 1. 采用集成的背板总线

S7-300 改变了以往模块式 PLC 采用的总线底板结构，从硬件上省去总线底板和排风扇，而采用了背板总线，即将总线集成在每个模块上，所有的模块通过总线连接器进行级联扩展，使得结构简单。

### 2. 采用 DIN 标准导轨，安装和更换模块方便

由于省去了总线底板，使得安装各个模块的机架只有 DIN 标准导轨（可以选择横向或者竖向安装）。安装模块时只需要将模块勾在导轨上，转动到位后用螺丝锁紧即可。有可拆卸式机械编码前连接器，螺钉型或弹簧型接线端子，更换模块时只需要松开安装螺丝，拔下已经接线的前连接器，即可更换。

### 3. 硬件组态灵活

所有的模块都有相同的安装深度，因此信号模块和通信模块可以不受限制地插到 SM 区的任何一个槽位上，使得硬件组态非常灵活。

### 4. 机架扩展方便

每个机架上最多可安装 8 个信号模块（SM），当需要的 SM 超过 8 个时，可以通过 IM365（机架距离最远 1 米）或者 IM360/361（机架距离最远 10 米），安装扩展机架，每个扩展机架上最多可安装 8 个信号模块，一个 S7-300 系统最多可安装 3 个扩展机架，最多可安装 32 个信号模块。

## 2.2.10　S7-300 PLC 的安装与维护

系统能正常工作，大部分取决于正确的安装，所以要严格按照电气安装规范来安装。

### 1. PLC 的安装环境

PLC 适用于大多数工业现场，虽然其具有很高的可靠性，并且有很强的抗干扰能力，但在过于恶劣的环境下，有可能引起 PLC 内部信息的破坏而导致控制混乱，甚至造成内部元件损坏。控制 PLC 的工作环境，可以有效地提高它的工作可靠性和使用寿命。在安装 PLC 时，应注意以下几个方面的问题。

1）环境温度

各生产厂家对 PLC 的运行环境温度都有一定的规定。通常 PLC 允许的环境温度在 0～55℃。因此，安装时不要把发热量大的元件放在 PLC 下方；PLC 四周要有足够的通风散热空间；不要把 PLC 安装在阳光直射或离暖气、加热器、大功率电源等发热器件很近的位置；安装 PLC 的控制柜最好有通风的百叶窗，如控制柜温度太高，应该在柜内安装风扇散热。

2）环境湿度

PLC 工作环境的空气相对湿度一般要求在 35%～85% 范围内，以保证 PLC 的绝缘性能。湿度还会影响模拟量输入/输出装置的精度。因此，不能将 PLC 安装在结露、雨淋的场所。

3）环境污染

PLC 不宜安装在有大量污染物（如灰尘、油烟、铁粉等）、腐蚀性气体和可燃性气体的场所，尤其是有腐蚀性气体的地方，易造成元件及印制电路板的腐蚀。如果只能安装在这种场所，在温度允许的条件下，可将 PLC 封闭，或将 PLC 安装在密闭性较高的控制室内，并安装空气净化装置。

4）避免振动和冲击

PLC 安装控制柜应远离有强烈振动和冲击的场所，尤其是连续、频繁的振动。必要时可采取措施来减轻振动和冲击的影响，以免造成接线或插件的松动。

5）远离干扰源

PLC 应远离强干扰源，如大功率晶闸管装置、高频设备和大型动力设备等，同时 PLC 还应远离强电磁场和强放射源，以及易产生强静电的地方。

### 2．安装导轨

DIN 导轨是 S7-300 可编程控制器的机械安装导轨（机架），该导轨用螺丝安装在固定物上面。DIN 导轨具有用于固定螺丝的 4 个孔和 1 个接地导线螺丝。

一台 S7-300 PLC 由一个主机架和一个或多个扩展机架组成（如果需要的话）。如果主机架的模块数量不能满足应用要求，可以使用扩展机架。安装有 CPU 的模块机架作为主机架。安装有模块的模块机架作为扩展机架，与系统的主机架相连。

导轨是 S7-300 PLC 的机械铝制机架。

安装导轨应注意：

（1）安装导轨时，为了散热，要留有足够的空间，尤其在系统中有扩展机架时，更要注意每个机架的位置安排，模块上下至少应有 40mm 的空间，左右至少应有 20mm 空间。

（2）在安装表面上，画好安装孔，然后在所画的安装孔上钻直径为 6.5+0.2mm 的孔。

（3）用 M6 螺钉安装导轨。

（4）把保护接地线连到导轨上（通过保护地螺丝！），应保证保护接地导线的低阻抗连接。为此，可使用尽可能短的低阻抗电缆连接到一个较大的接触表面上。保护接地导线的最小截面积为 10mm²。

使用多机架模块安装：

接口模块总是安装在 3 号插槽，因为 1 号插槽安装电源模块；2 号插槽安装 CPU 模块；3 号插槽安装接口模块，然后是信号模块。每个机架上不能安装超过 8 个信号模块（SM、FM、CP），这些模块总是位于接口模块的右边。能插入的模块数（SM、FM、CP）受到 S7-300 PLC 背板总线所提供电流的限制。每个机架总线上的耗电量不应超过 1.2A。

### 3．安装模块

S7-300 PLC 允许的安装位置包括水平安装和垂直安装两种，建议选择水平安装。对于水平安装，将模块安装在导轨上，从左边到右边依次是：电源模块、CPU 模块、接口模块和其他模块。对于垂直安装，电源模块在最下端，向上依次为 CPU 模块、接口模块和其他模块。

对于不同的安装位置，PLC 控制柜的温度要求是不同的，水平安装的允许温度为 0～60℃，垂直安装为 0～40℃。

一个机架最多插 8 个 I/O 模块（信号模块、功能模块、通信处理器）。

模块的安装步骤：

（1）将总线连接器插入 CPU 模块和信号模块/功能模块/接口模块/通信模块，插入总线连接器时，必须从 CPU 开始，将总线连接器插入前一个模块，最后一个模块不能安装总线连接器。

（2）选择水平安装，按照模块的规定顺序，从左到右安装模块，依次是：电源模块，CPU 模块，接口模块，输入/输出模块等，将所有模块悬挂在导轨上，然后向下安装模块。

（3）用螺丝固定所有模块。用螺丝将模块旋转固定在导轨的螺纹槽中，另外需要更换模块时，应先解锁前连接器，然后旋下螺丝，取下模块。

（4）模块插入槽号和标签。模块安装完毕后，给各个模块插入槽号。在相应模块上插入标签。

（5）前连接器接线。前连接器用于将系统中的传感器和按钮等连接至 S7-300 PLC。将前连接器插入模块中。在模块和前连接器之间是一个机械编码器，可以避免以后把前连接器认错。

前连接器按端子密度分有两种类型：20 针和 40 针。按连接方式又可分为弹簧负载型端子和螺钉型端子。

**注意事项：**

（1）如果不用扩展机架时，2 号槽的 CPU 模块和 4 号槽的模块是靠在一起的，此时 3 号槽位仍然被实际不存在的接口模块占用。另外硬件组态中 3 号槽位空着。

（2）在使用 SM 模块前，必须先给模块供电，否则将不能正常使用。

### 4．机柜选型与安装

大型设备运行或安装环境中有干扰和污染时，应将 PLC 安装在一个机柜中，在选择机柜时，应注意以下事项：

（1）机柜安装位置处的环境条件（温度、湿度、尘埃、化学影响、爆炸危险）决定了机柜所需的防护等级（IPxx）。

（2）模块机架（导轨）间的安装间隙应达标。

（3）机柜中所有组件的总功率消耗应达标。

## 2.3 项目解决步骤

步骤 1．画出典型 S7-300 PLC 的硬件外观结构图。

步骤 2．理解并熟悉中央处理器 CPU 的功能及 CPU 模块种类。

步骤 3．讲述信号模块、电源模块、编程器的功能及应用。

步骤 4．讲述智能 I/O 接口、通信接口、HMI 及 S7-300 PLC 结构的特点。

步骤 5．讲述 PLC 安装环境。能独立操作完成典型 S7-300 PLC 的硬件安装过程（如下所述）。

（1）安装导轨，必须安装接地线，导轨的安装距离要符合标准。

（2）在导轨上安装电源模块。将电源模块一端勾在导轨凸起处，旋转向下，用螺丝旋紧，将市电接入电源模块上的三个端子（L1、N、接地）上，暂时不送电，如图 2-15 所示。

图 2-15　安装电源模块

（3）不需要扩展机架，CPU 模块紧挨着电源模块安装，将总线连接器插到 CPU 模块背板总线处，一端勾在导轨的凸起处，另一端向下旋转，到达导轨位置后，旋紧螺丝，此时可以将标签插入到模块上，如图 2-16 所示。将电源模块的输出 DC24V 线连到 CPU 模块的 L+和 M。

图 2-16　安装 CPU 模块

（4）把输入模块背板总线一侧插入总线连接器，一端勾在导轨凸起处，背板总线另一侧插入到跟 CPU 模块相连的总线连接器，向下旋转，到达导轨位置后，旋紧螺丝。此时可以将槽号插入到模块上。如图 2-17 所示。

（5）把输出模块一端勾在导轨凸起处，背板总线一侧插入到跟输入模块相连的总线连接器，向下旋转，到达导轨位置后，旋紧螺丝。

（6）接前连接器（即接线端子）信号线与电源线，如图 2-18 所示。

图 2-17  安装输入模块

图 2-18  前连接器接线

（7）按照箭头向上方向对应的模块位置，将前连接器垂直向下插入到模块里，左侧两个 40 针前连接器插入模块后旋紧螺丝。右侧两个 20 针前连接器插入模块后自动卡住，如图 2-19 所示。

图 2-19  安装前连接器

（8）给电源模块、输入和输出模块连接电源。

**步骤 6.　总结 S7-300 PLC 硬件安装注意事项。**

# 巩固练习二

（1）典型 S7-300 PLC 的硬件结构由哪几部分构成？

（2）简述 CPU 的功能及 CPU 模块的种类。

（3）讲述典型 S7-300 PLC 的硬件安装过程。

（4）S7-300 PLC 硬件安装注意事项有哪些？

# 项目 3　硬件组态过程

## 3.1　项目要求

通过 STEP 7 编程软件完成某项目的硬件组态。

双击 Rail，安装导轨（机架），插入电源模块，必须安装在 1 号槽位上。CPU 模块的安装位置紧挨着电源模块，安装在 2 号槽位上。用于连接扩展机架的接口模块 IM 安装在 3 号槽位上。如果不用机架扩展，该位置空着。各种信号模块 SM 安装在 4 号～11 号槽位上。从 4 号槽位开始，CPU 为信号模块分配 I/O 地址。学生应理解默认地址并会使用。

## 3.2　学习目标

（1）学习并掌握 STEP 7 标准软件包的使用。
（2）学习并掌握硬件组态的操作过程。
（3）理解默认地址的分配含义及使用。

## 3.3　相关知识

### 3.3.1　STEP 7 标准软件包组成

STEP 7 标准软件包适用于使用各种功能的 SIMATIC S7-300/400，SIMATIC M7-300/400，SIMATIC C7。

STEP 7 标准软件包不是一个单一的应用程序，而是集成了一系列的应用程序（基本工具），包括：SIMATIC 管理器、硬件组态编辑器、程序编辑器、符号编辑器、通信组态编辑器等，使用时，不必将所有工具都打开，只须选择相应的工具，或打开某一对象，相应的工具会自行启动。STEP 7 标准软件包的各项工具如图 3-1 所示。

图 3-1　STEP 7 标准软件包的各项工具

### 3.3.2　SIMATIC 管理器

#### 1．SIMATIC 管理器（SIMATIC Manager）运行界面

SIMATIC 管理器用于管理自动化控制项目数据，提供了 STEP 7 标准软件包集成统一界面。在桌面上以鼠标左键双击 SIMATIC 管理器图标 ![icon]。打开的 SIMATIC 管理器运行界面如图 3-2 所示。在项目中，数据在分层结构中，以对象的结构保存。左视图中显示项目结构，第一层为项目，第二层为站，站是硬件组态的起点，S7 程序文件夹是编写程序的起点。选中某一层对象，管理器右边工作区（右视图）将显示该文件夹内的内容和下一级的文件夹，双击其中某个对象，可以打开和编辑该对象。项目刚生成时，"块"文件夹中只有主程序 OB1。

图 3-2　SIMATIC 管理器运行界面

SIMATIC 管理器常用工具栏如图 3-3 所示。

图 3-3　SIMATIC 管理器常用工具栏

#### 2．更改语言

默认语言为中文，可以改为英文，方法是在菜单栏单击"选项"按钮，再单击出现的"自定义"，如图 3-4 所示。

图 3-4　单击"自定义"

单击"语言"标签，如图 3-5 所示。单击"english"，单击"确定"按钮。

图 3-5　自定义对话框

重新启动 STEP 7，项目语言变成英语。

### 3.3.3　硬件组态编辑器

"HW Config"一般翻译成"硬件组态"，STEP 7 软件中的硬件组态编辑器为用户提供组态实际 PLC 硬件系统的编辑环境，可将电源模块、CPU 模块和信号模块等设备插入到相应机架（导轨，Rail）上，并对 PLC 各个硬件模块的参数进行设置和修改，其界面如图 3-6 所示。

图 3-6　硬件组态界面

在硬件组态之前，应根据控制任务，分析输入和输出信号的个数和性质，以及对控制系统的要求和留有余量等来选择实际硬件系统，然后在软件中进行硬件组态，组态完成后要下载到 PLC 里。另外一定要注意的就是硬件组态将组态出跟实际硬件系统完全一样的系统，包括插槽位置、各个模块型号、订货号和版本号都应相同。硬件组态自动确定了输入和输出的地址，用户可以根据默认分配好的地址进行 I/O 地址分配和编程。

硬件组态目录：图 3-6 的右边是硬件组态目录，单击"+"号可打开目录看到详细内容，CP-300 是通信处理器，CPU-300 是 CPU 模块，IM-300 是接口模块，PS-300 是电源模块，RACK-300 是机架或导轨，SM 是信号模块，DI 是数字量的输入模块，DO 是数字量的输出模块，AI 是模拟量的输入模块，AO 是模拟量的输出模块，FM-300 是功能模块。

硬件详细信息：图 3-6 的下边是硬件组态详细信息的显示窗口，通过图标◀ ▶来切换硬件组态详细信息显示窗口。在窗口中可以看到模块订货号、CPU 版本号（例如 V2.6 就是 2.6 版本），输入和输出模块的地址等。

## 3.3.4 程序编辑器（LAD/STL/FBD）

程序编辑器集成了梯形图 LAD、语句表 STL 和功能块图 FBD 三种编程语言，可以在此进行程序的输入、编辑、调试、保存等功能。程序编辑器界面如图 3-7 所示。

### 1. 编程元件列表

编程元件列表区根据当前使用的编程语言自动显示相应的编程元件，用户可通过鼠标左键选中，按住左键将元件拖到需要放置的程序代码编辑区，也可双击元件，将其加入到程序代码编辑区。

图 3-7 程序编辑器界面

常用梯形图工具栏中各项含义如图 3-8 所示。

图 3-8　常用梯形图工具栏

部分程序编辑器工具栏如图 3-9 所示。

图 3-9　程序编辑器工具栏（部分）

### 2. 程序代码编辑区

用户可以用三种语言在该编辑区编辑程序，编辑区分为多个程序段，划分程序段可以让编程的思路和程序的结构更加清晰。一般情况下，建议一个程序段完成一个功能。在工具栏上左键单击"新程序段"按钮就可以插入新程序段，如图 3-8 所示。

### 3. 编程语言

除了使用梯形图（LAD），语句表（STL），功能块图（FBD）编程语言。还可以根据控制任务的需要，选择其他的编程语言和组态工具，如顺序功能图 SFC，标准控制语言 SCL，顺序控制流程图 S7-GRAPH，状态图 S7-HiGraph，高级语言 S7 SLC 和 M7-Pro/C＋＋等。

梯形图（LAD）使用者较多，以启停控制为例，如图 3-10 所示。

语句表（STL），以启停控制为例，如图 3-11 所示。

图 3-10　梯形图　　　　　　　　　　　　　　　　　　图 3-11　语句表

功能块图（FBD），以启停控制为例，如图 3-12 所示。

图 3-12　功能块图

## 4. 信息区

信息区有很多标签，每个标签对应一个子窗口，如图 3-13 所示。

| 地址 | 块 | 类 | 位置 | | 位置 | 位置 |
|---|---|---|---|---|---|---|
| 电机接触器线圈KM | OB1 | R | NW | 1　/O | | |
| 启动按钮SB1 | OB1 | R | NW | 1　/O | | |
| 停止按钮SB2 | OB1 | R | NW | 1　/AN | | |

| 1: 错误 | 2: 信息 | 3: 交叉参考 | 4: 地址信息 | 5: 修改 | 6: 诊断 | 7: 比较 |
|---|---|---|---|---|---|---|

| 文件/块已保存。 | | 离线 | Abs < 5.2 | Nw 1 | 插入 |

图 3-13　程序编辑器信息区

## 3.3.5　符号编辑器

在开始编程之前将已经设计好的地址分配表键入到符号编辑器中，即创建了一个符号表，这样可为以后的编程、修改和调试带来很多方便。建立符号表的方法为在程序编辑器界面单击"选项"，单击"符号表"，如图 3-14 所示。

图 3-14　进入符号表

在符号编辑器中可键入符号、地址和数据类型等，单击"保存"按钮保存。如图 3-15 所示。

符号编辑器 — [S7 程序(2)（符号）— 电机启停PLC控制\SIMATIC 300(1)...]

| | 状态 | 符号 | 地址 | | 数据类型 | 注释 |
|---|---|---|---|---|---|---|
| 1 | | 电机接触器KM线圈 | Q | 4.0 | BOOL | |
| 2 | | 启动按钮SB1 | I | 0.0 | BOOL | |
| 3 | | 停止按钮SB2 | I | 0.1 | BOOL | |
| 4 | | | | | | |

图 3-15　符号编辑器界面

符号编辑器可以管理所有的共享符号，具有以下功能：输入/输出信号、位存储器、给各种块设定符号名和注释、排序功能、导入/导出符号等。符号编辑器生成的符号可提供给其他工具使用，例如可以将 STEP 7 中的变量导入到组态软件 WinCC 中直接使用，因此一个符号属性的变化可以在整个项目中自动更新。

### 3.3.6 通信组态

通信组态用来组态整个项目中的网络，包括以下功能：选择建立通信网络的类型（例如 MPI、PROFIBUS、工业以太网等），选择网络上连接的站点类型，设置通信连接、网络组态及进行通信连接的下载等。

### 3.3.7 硬件诊断

用于提供 PLC 的工作状态概况，快速浏览 CPU 数据和用户程序在运行中的故障原因。

硬件诊断工具存储了 PLC 的状态信息，指示每个模块是否正常，双击可以显示有关故障的详细信息。主要包括：

（1）有关模块的一般信息（如订货号、版本、名称）以及模块状态（如故障）。

（2）显示中央 I/O 和分布式（DP）从站的模块信息（如通信故障）。

（3）显示来自诊断缓存区的消息报文。

对于 CPU，还可显示以下附加信息。

（1）用户程序处理过程中的故障原因。

（2）显示循环时间（最长的、最短的和最近一次的）。

（3）MPI 的通信可能性和负载。

（4）显示性能数据（可能的输入/输出、位存储、计数、定时和块的数量等）。

### 3.3.8 S7-300 PLC 的插槽地址

S7-300 PLC 的各个模块安装在机架的插槽上，不同的模块在插槽上安装位置是固定的。

（1）如果选择了电源模块 PS307，则其必须安装在 1 号槽位上。

（2）CPU 模块的安装位置紧挨着电源模块，安装在 2 号槽位上。

（3）用于连接扩展机架的接口模块 IM，安装在 3 号槽位上。如暂不需要扩展，可以空着。

（4）各种信号模块 SM，安装在 4 号～11 号槽位上。从 4 号槽位开始，CPU 为信号模块分配 I/O 地址，且根据信号模块的类型递增 I/O 地址。

### 3.3.9 S7-300 PLC 数字量 I/O 地址组态

在机架 SM 区的插槽上安装的数字量 I/O 模块，可以是数字量输入模块，也可以是数字量输出模块，CPU 可自动识别模块的类型。但是 CPU 为每个插槽分配的地址范围是固定的。

S7-300 PLC 默认的数字量地址如图 3-16 所示。

CPU 为数字量 I/O 的每个槽位分配了 4 个字节（32 个 I/O 点）的地址范围，在实际使用中要根据具体的模块确定实际的地址范围，例如在机架 0 的 4 号槽位安装的是 DI16*DC24V（16 点的数字量输入模块），则实际可以使用的编程元件地址范围为 I0.0 到 I0.7，I1.0 到 I1.7，也就是说可以跟实际物理输入信号器件有对应的关系，可以将这些地址分配给实际输入信号器件。编程元件地址 I2.0 到 I2.7，I3.0 到 I3.7 跟实际物理信号器件没有任何关系，不能参与实际物理信号器件的地址分配，但可以作为存储器使用。如果在机架 0 的 4 号槽位安装的是 DO16*DC24V/0.5A（16 点的数字量输出模块），则实际使用的地址范围为 Q0.0 到 Q0.7，Q1.0 到 Q1.7，可以将这些地址分配给实际的输出信号。地址 Q2.0 到 Q3.7 跟实际物理信号器件没有任何关系，不能参与实际物理信号器件的地址分配。

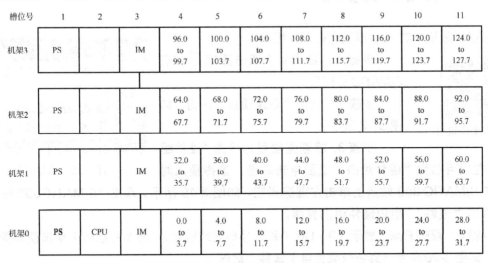

图 3-16　默认的数字量地址

## 3.3.10　S7-300 PLC 模拟量 I/O 地址组态

对于在机架的 SM 区安装的模拟量 I/O 模块，CPU 为每个槽位分配了 16 个字节（8 个模拟量通道）的地址，每个模拟量 I/O 通道占用一个字地址（2 个字节）。

S7-300 PLC 对模拟量 I/O 模块默认的地址范围如图 3-17 所示。

图 3-17　默认的模拟量地址

在实际使用中要根据具体的模块确定实际的地址范围，例如在机架 0 的 4 号槽位安装的是 4 通道的模拟量输入模块，则实际使用的地址范围为 PIW256、PIW258、PIW260 和 PIW262；

如果在机架 0 的 4 号槽位安装的是 2 通道的模拟量输出模块，则实际使用的地址为 PQW256 和 PQW258。

## 3.4 项目解决步骤

根据实际使用的 PLC 模块进行硬件组态。

硬件组态过程

步骤 1. 在桌面上双击图标打开 SIMATIC 管理器。

步骤 2. 单击"新建项目"按钮，如图 3-18 所示。

步骤 3. 将新建项目命名为"硬件组态"。在项目名称"硬件组态"上面单击右键，选择插入对象，在 SIMATIC 300 站点上单击左键选择它，如图 3-19 所示。双击"SIMATIC300 站点"，然后双击"硬件"，出现硬件组态界面。

图 3-18　新建项目

步骤 4. 双击 Rail，显示（0）UR（即 0 号导轨或机架），在 1 号插槽上单击使其变成深蓝色，如图 3-20 所示（彩色效果见电子课件，后同）。

图 3-19　选择 SIMATIC 300 站点

图 3-20　安装导轨（Rail）

步骤 5. 双击电源模块"PS 307 5A"，选择电源模块，注意订货号是模块之间互相区别的根本标志，单击"2 号插槽"，插槽变蓝色，如图 3-21 所示。

图 3-21　插入电源模块 PS 307 5A

**步骤 6.** 双击 CPU 模块 CPU 314C-2 DP 的版本号 "V2.6"，如图 3-22 所示。

图 3-22　插入 CPU 模块 CPU 314C-2 DP V2.6 版本

　　**步骤 7.** 用于连接扩展机架的接口模块 IM，安装在 3 号槽位上。如果一个机架不够用，通过它可以进行扩展，由于本例中不用扩展，所以使其空闲。双击信号模块 SM 中的输入模块 "SM321 DI16*DC24V"，如图 3-23 所示。

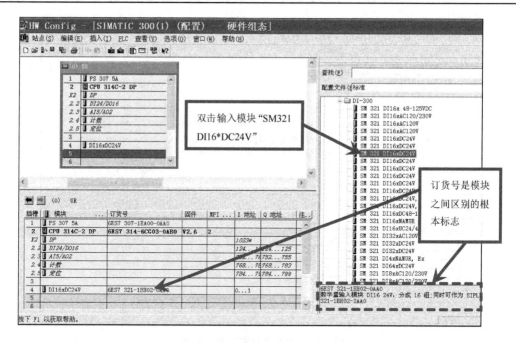

图 3-23　插入输入模块 SM 321 DI16*DC24V

**步骤 8.** 在 5 号插槽选择输出模块，双击"SM 322 DO16*DC24V/0.5A"，如需要其他模块，方法类似。保存并且编译，如图 3-24 所示。

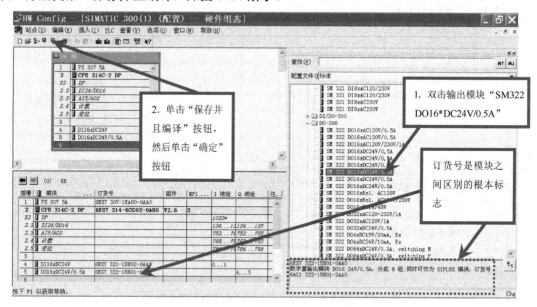

图 3-24　插入输出模块 SM 322 DO16*DC24V/0.5A

# 巩固练习三

（1）简述 STEP 7 标准软件包的组成。

（2）简述 SIMATIC 管理器功能及使用方法。

（3）简述程序编辑器与符号编辑器的使用方法。

（4）简述硬件组态编辑器含义。

（5）举例说明 S7-300 PLC 的插槽地址的含义。

（6）举例说明 S7-300 PLC 数字量 I/O 地址组态。

（7）举例说明 S7-300 PLC 模拟量 I/O 地址组态。

（8）操作完成导轨、电源模块、CPU 模块、模拟量输入和输出模块的硬件组态。

# 项目 4　STEP 7 数据存储及程序结构

## 4.1　项目要求及学习目标

（1）掌握数制、基本数据类型的相关知识。
（2）掌握 S7-300 CPU 的存储区的组成。
（3）掌握输入继电器和输出继电器的含义。
（4）掌握直接寻址的分类及含义。
（5）掌握 STEP 7 的程序结构类型及特点。
（6）掌握 S7-300 CPU 的系统存储器的分类。
（7）理解 STEP 7 中逻辑块和数据块的含义。
（8）理解功能块 FB 和功能 FC 的区别。
（9）掌握操作：插入功能、功能块及各种组织块。

## 4.2　相关知识

### 4.2.1　数据格式与基本数据类型

#### 1．数制

1）二进制数

二进制数的 1 位（bit）只有 0 和 1 两种取值，可用来表示开关量（或称数字量）的两种状态，如触点的断开和接通，线圈的通电和断电等。如果该位为 1，则表示梯形图中对应的编程元件的线圈"通电"，其常开触点接通，常闭触点断开。如果该位为 0，则表示梯形图中对应的编程元件的线圈"失电"，其常开触点断开，常闭触点接通。二进制数常用 2#表示，如 2#1111 0110 1000 1011 是一个十六位的二进制数。

2）十六进制数

十六进制数的 16 个数字由 0~9 这 10 个数字以及 A（表示 10）、B（表示 11）、C（表示 12）、D（表示 13）、E（表示 14）、F（表示 15）6 个字母构成。其运算规则为逢十六进一，在 SIMATIC 中，B#16#、W#16#、DW#16#分别用来表示十六进制字节、十六制字和十六进制双字常数，例如 W#1B3F。

3）BCD 码

BCD 码是将一个十进制数的每一位都用 4 位二进制数表示（即 0~9 分别用 0000~1001 表示，而剩余六种组合 1010~1111 则没有使用）的表示方法。

BCD 码的最高四位二进制数用来表示符号，16 位 BCD（3 位 BCD）码字的范围为–999～999。32 位 BCD（7 位 BCD）码双字的范围为–9999999～9999999。

十进制数可以方便地转换为 BCD 码，例如十进制 235 对应的 BCD 码为 0000 0010 0011 0101。

#### 2．基本数据类型

基本数据类型有很多种，用于定义不超过 32 位的数据，每种数据类型在分配存储空间时有确定的位数，如布尔型（BOOL）数据为 1 位，字节型（BYTE）数据为 8 位，字型（WORD）数据为 16 位，双字型（DWORD）数据为 32 位。

1）位数据类型

位数据值 1 和 0 常用英语单词 TRUE（真）和 FALSE（假）来表示。8 位二进制数（BOOL）组成一个字节（BYTE），其中第 0 位为最低位（LSB），第 7 位为最高位（MSB）。两个字节组成一个字（WORD），两个字组成一个双字（DWORD）。

2）算术数据类型

整数（INT 或 Integer）是 16 位有符号数，整数的最高位是符号位（0 表示正，1 表示负）。取值范围：–32768～32767。负数用补码来表示。

双整数（DINT 或 Double Integer）为 32 位有符号数，其最高位是符号位（0 表示正，1 表示负），和 16 位整数一样可以用于整数运算。

32 位浮点数又称为实数（Real），是含有小数点的数。例如，模拟量的输入和输出值。用浮点数处理这些数据需要进行浮点数和整数之间的转换。基本数据类型详细情况如表 4-1 所示。

表 4-1　基本数据类型

| 数 据 类 型 | 位　数 | 格 式 选 择 | 说　　明 |
| --- | --- | --- | --- |
| 布尔（BOOL） | 1 | 布尔量 | 位，范围：是或非（1，0） |
| 字节（BYTE） | 8 | 十六进制 | 范围：B#16#00～B#16#FF |
| 字（WORD） | 16 | 二进制 | 2#0～2#1111111111111111 |
| | | 十六进制 | W#16#0～W#16#FFFF |
| | | BCD 码 | C#0～C#999 |
| | | 无符号十进制数 | B#（0,0）～B#（255,255） |
| 双字（DWORD） | 32 | 二进制 | 范围：2#0～2#11111111111111111111111111111111； |
| | | 十六进制 | DW#16#00000000～DW#16#FFFFFFFF |
| | | 无符号数 | B#（0,0,0,0）～B#（255,255,255,255） |
| 字符（CHAR） | 8 | 字符 | 任何可打印的字符（ASCII 码大于 31），除去 DEL 和" |
| 整数（INT） | 16 | 有符号十进制数 | 范围：–32768～32767 |
| 双整数（DINT） | 32 | 有符号十进制数 | 范围：L#–2147483648～L#2147483647 |
| 实数（REAL） | 32 | IEEE 浮点数 | 正数范围：1.175495e–38～3.402823e+38<br>负数范围：–3.402823e+38～–1.175495e–38 |
| 时间（TIME） | 32 | IEC 时间精度 1ms | T#–24D_20H_31M_23S_648MS～T#24D_20H_31M_23S_647MS |
| 日期（DATE） | 32 | IEC 时间精度 1 天 | D#1990_1_1～D#2168_12_31 |
| 每天时间 TOD（TIME-OF-DAY） | 32 | 每天时间精度 1ms | TOD#0:0:0.0～TOD#23:59:59.999<br>小时（0～23），分（0～59），秒（0～59），毫秒（0～999） |
| 系统时间 S5TIME | 32 | S5 时间，时基：10ms（默认） | S5T#0H_0M_0S_0MS～S5T#2H_46M_30S_0MS |

## 4.2.2 CPU 的存储区

CPU 的存储区包括 3 个基本区域，即装载存储区、工作存储区 RAM 和系统存储区，还有一定数量的临时本地数据存储器或称 L 堆栈（L 堆栈中的数据在程序块工作时有效，并一直保持，当新的块被调用时，L 堆栈重新分配），还有两个累加器、两个地址寄存器、两个数据块地址寄存器、一个状态字寄存器、外设 I/O 存储区。S7-300 CPU 存储区如图 4-1 所示。

| | | |
|---|---|---|
| 外设I/O储存区 | P | |

| | | |
|---|---|---|
| 输出继电器 | Q | 系 |
| 输入继电器 | I | 统 |
| 位存储器 | M | 存 |
| 定时器 | T | 储 |
| 计数器 | C | 区 |

累加器　　　　　　　　32位

| |
|---|
| 累加器1（ACCU1） |
| 累加器2（ACCU2） |

地址寄存器　　　　　　32位

| |
|---|
| 地址寄存器1（AR1） |
| 地址寄存器2（AR2） |

| | |
|---|---|
| 可执行用户程序：<br>逻辑块（OB、FB、FC）<br>数据块（DB） | 工<br>作<br>存<br>储<br>区 |
| 临时本地数据存储器（L） | |

数据块地址寄存器　　　32位

| |
|---|
| 打开的共享数据块号 DB |
| 打开的背景数据块号 DB（DI） |

状态字寄存器　　　　　16位

| |
|---|
| 状态位 |

| | |
|---|---|
| 动态装载存储区（RAM）：<br>存放用户程序 | 装<br>载 |
| 可选的固定装载存储区（EEPROM）：<br>存放用户程序 | 存<br>储<br>区 |

图 4-1　S7-300 CPU 存储区示意图

### 1．工作存储区

工作存储区是集成的高速存取 RAM 存储器，用于存储 CPU 运行时的用户程序和数据，为了保证程序执行的快速性和不过多地占用工作存储区，只有与程序执行有关的块被装入到工作存储区。

复位 CPU 的存储区时，RAM 中的程序被清除，Flash EPROM 中的程序不会被清除。

### 2．装载存储区

装载存储区可以是 RAM 或 Flash EPROM，用于存储用户程序和系统数据（组态、连接和模块参数等），但不包括符号地址赋值和注释。部分 CPU 有集成的装载存储器，有的需要用 MMC 来扩展。CPU31xC 的用户程序只能装入插入式的 MMC 中。断电时数据保存在 MMC

中，因此数据块的内容基本上被永久保留。

下载程序时，用户程序被下载到 CPU 的装载存储区中，CPU 把可执行部分复制到工作存储区中，符号表和注释保存在编程设备中。

### 3．系统存储区

系统存储区还提供临时存储区，用来存储程序块被调用的临时数据。访问局域数据比访问数据块中的数据更快。用户生成块时，可以声明临时变量，它们只在执行该块时有效，执行完后就被覆盖了。

在 PLC 存储区中，分有不同的区域，由于系统赋予的功能不同，构成了各种内部器件，它们分别称为输入继电器 I（又称过程映像输入区或输入映像寄存器）和输出继电器 Q（又称过程映像输出区或输出映像寄存器），还有定时器 T、计数器 C 和位存储器 M（又称中间继电器）等都有对应的存储区。

CPU 在程序循环的处理过程中，不直接访问输入模块的输入端子和输出模块的输出端子，而是访问 CPU 内部的输入继电器和输出继电器。

1）输入继电器 I

输入继电器每一位对应一个数字量输入模块的输入点，在每个扫描周期的开始，CPU 对输入点采样，并将采样值存入输入继电器中。CPU 在本扫描周期中不改变输入继电器的值，要到下一个扫描周期输入处理扫描阶段才进行更新。

输入继电器 I 的作用是接收来自现场的控制按钮、行程开关及各种传感器等的输入信号。通过输入继电器 I，使 PLC 的存储系统与外部输入端子（输入点）建立起明确对应的连接关系，它的每一位对应一个数字量输入模块的输入端子。输入继电器的状态（"1"或者"0"）来自在每个扫描周期的输入采样阶段接收到由现场送来的输入信号的状态（接通或断开）。由于 S7-300 PLC 的输入继电器 I 是以字节为单位的寄存器，CPU 一般按"字节.位"的编址方式来读取一个输入继电器的状态，也可以按字节（8 位）来读取相邻一组 8 个输入继电器的状态，或者按字（2 个字节、16 位）及按双字（4 个字节、32 位）来读取相邻 16 个或 32 个输入继电器的状态。实际可使用的输入继电器的数量取决于 CPU 模块的型号及数字量输入模块的配置。

2）输出继电器 Q

输出继电器 Q 的每一位对应一个数字量模块的输出点，在扫描周期的末尾，CPU 将输出继电器 Q 的数据传送给输出模块，再由后者驱动外部负载。

通过输出继电器，使 PLC 的存储系统与外部输出端子（输出点）建立起明确对应的连接关系。S7-300 PLC 的输出继电器也是以字节为单位的寄存器，它的每一位对应一个数字量输出点，一般采用"字节.位"的编址方法，也可以按字节（8 位）来读取相邻的 8 个输出继电器的状态，或者按字（2 个字节、16 位）及按双字（4 个字节、32 位）来读取相邻 16 个或 32 个输出继电器的状态。输出继电器的状态可以由输入继电器的触点、其他内部器件的触点以及它自己的触点来驱动，即它完全由编程的方式决定其状态。

输出继电器仅有一个实际的常开触点与输出接线端子相连，用来接通负载。这个常开触点可以是有触点的（继电器输出型），或者是无触点的（晶体管输出型或双向晶闸管输出型）。实际可使用的输出继电器的数量取决于 CPU 模块的型号及数字量输出模块的配置。

3）位存储器 M

位存储器 M 用来保存控制继电器的中间操作状态或其他控制信息。

在逻辑运算中，经常需要一些辅助继电器，其功能与传统的继电器控制线路中的中间继电器相同。辅助继电器与外部没有任何联系，不可能直接驱动任何负载。每个辅助继电器对应着位存储区的一个基本单元，它可以由所有的编程元件的触点（当然包括它自己的触点）来驱动。它的状态同样可以无限制地使用。借助于辅助继电器的编程，可使输入输出之间建立复杂的逻辑关系，以满足不同的控制要求。在 S7-300 PLC 中，有时也称辅助继电器为位存储区的内部标志位（Marker），所以辅助继电器一般以位为单位使用，采用"字节.位"的编址方式，每 1 位相当于 1 个中间继电器，S7-300 PLC 的辅助继电器的数量为 2048 个（256 Byte，2048 bit）。辅助继电器也可以字节、字、双字为单位，用于存储数据。

4）定时器 T（共 5 种）

定时器是 PLC 的重要编程元件，它的作用与继电器控制线路中的时间继电器基本相似，用于实现或监控时间序列。定时器是由位和字组成的复合存储单元，定时器的触点状态用位存储单元表示，字存储单元用于存储定时器的定时时间值。

S7-300 PLC 提供了 5 种形式的定时器：

① 脉冲定时器 SP。

② 扩展定时器 SE。

③ 接通延时定时器 SD。

④ 保持型接通延时定时器 SS。

⑤ 关断延时定时器 SF。

S7-300 PLC 的定时时间由时基和定时值组成，定时时间等于时基与定时值（1～999）的乘积，当定时器运行时，当前值不断减 1，直至减到 0，减到 0 表示定时时间到，定时器的触点将动作。

5）计数器 C（共 3 种）

S7-300 PLC 中的计数器用于对 RLO 的正跳沿计数。计数器也是由位存储器与字存储器组成的复合单元，计数器的触点状态用位存储单元表示，字存储单元用于存储计数器的当前计数值。计数范围为 1～999。

计数器的计数方式有 3 种，递增计数、递减计数和增/减计数。递增计数是从 0（或预置的初始值）开始的。当计数器的计数值达到上限 999 时，停止累加。递减计数是从预置的初始值开始的，当计数器的计数值减到 0 时，将不再减少。

在对计数器设定预置值时，累加器 1 低字中的内容（预置值）作为计数器的初始值被装入计数器的字存储器中，计数中的计数值在初始值的基础上进行增加或减少。

## 4.2.3  直接寻址

寻址方式：对数据存储区进行读写访问的方式。STEP7 的寻址方式有立即寻址、直接寻址和间接寻址三大类。立即寻址：数据在指令中以常数形式出现；直接寻址是指在指令中直接给出要访问的存储器或寄存器的名称和地址编号，直接存取数据；间接寻址是指使用地址指针间接给出要访问的存储器或寄存器的地址。下面介绍直接寻址（定时器和计数器除外）的四种形式。

存储器的最小组成部分是位（bit），可存放一个二进制的状态（"1"或"0"）。位与字节、字以及双字的关系如下：

8 位（bit）=1 个字节（Byte）（简写为 B）

16 位（bit）=2 个字节=1 个字（Word）（简写为 W）

32 位（bit）=4 个字节=2 个字=1 个双字（Double Word）（简写为 D）

S7 中的主标识符有：I（输入映像寄存器）；Q（输出映像寄存器）；M（位存储器）；PI（外部输入寄存器）；PQ（外部输出寄存器）；T（定时器）；C（计数器）；DB（数据块寄存器）；L（本地数据寄存器）。

S7 中的辅助标识符有：X（位）；B（字节）；W（字）；D（双字）。

在学习 STEP 7 编程过程中，掌握位与字节、字和双字的关系及其结构组成是很关键的，下面将逐一介绍。

### 1. 位寻址

位寻址是最小存储单元的寻址方式，是对存储器中的某一位进行读写访问。寻址时，采用以下结构：

存储区标识符（见表 4-2）+字节地址+位地址

例如 Q4.3

Q：表示输出映像寄存器。

4：表示第 4 个字节；字节地址从第 4 个字节开始，最大值由该存储区的大小决定。

3：表示第 4 个字节的第 3 位，位地址的取值范围是 0~7（这是规定的，共 8 位）。

QB4 如图 4-2 所示。

图 4-2　QB4

**表 4-2　S7-300 系列 PLC 存储区功能及标识符**

| 存储区域名称 | 功　　能 | 访问方式 | 寻址范围 | 标识符 | 举　例 |
|---|---|---|---|---|---|
| 输入映像寄存器（I） | 在扫描循环的开始，操作系统从现场（又称过程）读取控制按钮、行程开关及各种传感器等送来的输入信号，并存入输入映像寄存器中，其每一位对应数字输入模块的一个输入端子 | 输入位 | 0.0~65535.7 | I | I0.0<br>I2.0 |
| | | 输入字节 | 0~65535 | IB | IB2<br>IB6 |
| | | 输入字 | 0~65534 | IW | IW0<br>IW100 |
| | | 输入双字 | 0~65532 | ID | ID50<br>ID60 |
| 输出映像寄存器（Q） | 在扫描循环时间，逻辑运算的结果存入输出映像寄存器。在循环扫描结束前，操作系统从输出映像寄存器读出最终结果，并将其传送到数字量输出模块，直接控制 PLC 外部的指示灯、接触器、执行器等控制对象 | 输出位 | 0.0~65535.7 | Q | Q4.0<br>Q4.5 |
| | | 输出字节 | 0~65535 | QB | QB0<br>QB5 |
| | | 输出字 | 0~65534 | QW | QW5<br>QW10 |
| | | 输出双字 | 0~65532 | QD | QD60 |

续表

| 存储区域名称 | 功 能 | 访 问 方 式 | | 寻 址 范 围 | 标 识 符 | 举 例 |
|---|---|---|---|---|---|---|
| 位存储器（M） | 位存储器与 PLC 外部对象没有任何关系，其功能类似于继电器控制电路中的中间继电器，主要用来存储程序运算过程中的临时结果，可为编程提供无数量限制的触点，可以被驱动但不能直接驱动任何负载 | 存储位 | | 0.0～255.7 | M | M0.0 |
| | | 存储字节 | | 0～255 | MB | MB10 |
| | | 存储字 | | 0～254 | MW | MW10 |
| | | 存储双字 | | 0～252 | MD | MD20 |
| 外部输入寄存器（PI） | 通过外部输入寄存器，用户程序可以直接访问模拟量输入模块，以便接收来自现场的模拟量输入信号 | 外部输入字节 | | 0～65535 | PIB | PIB752 |
| | | 外部输入字 | | 0～65534 | PIW | PIW752 |
| | | 外部输入双字 | | 0～65532 | PID | PID500 |
| 外部输出寄存器（PQ） | 通过外部输出寄存器，用户程序可以直接访问模拟量输出模块，以便将模拟量输出信号送给现场的执行器 | 外部输出字节 | | 0～65535 | PQB | PQB40 |
| | | 外部输出字 | | 0～65534 | PQW | PQW50 |
| | | 外部输出双字 | | 0～65532 | PQD | PQD60 |
| 定时器（T） | 作为定时器指令使用，访问该存储区可获得定时器的剩余时间 | 定时器 | | 0～255 | T | T0<br>T5<br>T10 |
| 计数器（C） | 作为计数器指令使用，访问该存储区可获得计数器的当前值 | 计数器 | | 0～255 | C | C0<br>C5 |
| 数据块寄存器（DB） | 本区域含有所有数据块的数据。可根据需要同时打开两个不同的数据块。可用 OPN DB 打开一个数据块。在用 OPN DI 时，打开的是功能块 FB 和系统功能块 SFB 相关联的背景数据块 | 用 OPN DB 指令 | 数据位 | 0.0～65535.7 | DBX | DBX0.0 |
| | | | 数据字节 | 0～65535 | DBB | DBB2 |
| | | | 数据字 | 0～65534 | DBW | DBW20 |
| | | | 数据双字 | 0～65532 | DBD | DBD25 |
| | | 用 OPN DI 指令 | 数据位 | 0.0～65535.7 | DIX | DIX10.5 |
| | | | 数据字节 | 0～65535 | DIB | DIB10 |
| | | | 数据字 | 0～65534 | DIW | DIW15 |
| | | | 数据双字 | 0～65532 | DID | DID35 |
| 本地数据寄存器（又称本地数据）（L） | 本地数据寄存器用来存储逻辑块（OB、FB 或 FC）中所使用的临时数据，一般作为中间暂存器。由于这些数据实际存放在本地数据堆栈（又称 L 堆栈）中，因此当逻辑块执行结束时，数据自然丢失 | 本地数据位 | | 0.0～65535.7 | L | L0.0 |
| | | 本地数据字节 | | 0～65535 | LB | LB2 |
| | | 本地数据字 | | 0～65534 | LW | LW10 |
| | | 本地数据双字 | | 0～65532 | LD | LD5 |

**特别强调**：在访问数据块时，如果没有预先打开数据块，可以采用数据块号加地址的方法，例如 DB10.DBX30.5 是指数据块号为 10 的第 30 个字节的第 5 位。

### 2. 字节寻址

字节寻址时，访问一个 8 位的存储区域。寻址时，采用以下结构进行寻址：
存储区标识符（见表 4-2）+字节地址

例如：MB0、IB0、MB4

M：表示位存储区。

B：表示字节 Byte。

MB0：表示第 0 个字节，其中最低位的位地址为 M0.0，最高位的位地址为 M0.7。

MB0 如图 4-3 所示。

图 4-3　MB0

IB0：表示第 0 个字节，其中最低位的位地址为 I0.0，最高位的位地址为 I0.7。IB0 如图 4-4 所示。

图 4-4　IB0

### 3．字寻址

字寻址时，访问一个 16 位的存储区域，包含两个字节。寻址时采用以下结构：

存储区标识符（见表 4-2）+数值小的字节号

例如：IW5、MW2

I：表示输入映像寄存器。

W：表示字 Word。

5：表示从第 5 个字节开始，包括两个字节的存储空间，即 IB5 和 IB6。

IW5 构成如图 4-5 所示。

图 4-5　IW5 构成

对于字寻址时字结构的理解，需要注意两点：

字中包含两个字节，但在表达时只指明其中数值小那个字节的字节号。例如 MW2 包括 MB2 和 MB3 两个字节，而不是 MB1 和 MB2 两个字节。

MW2 中，MB2 是高 8 位字节，MB3 是低 8 位字节。MW2 所指定的存储区的结构如图 4-6 所示。

图 4-6　MW2 的存储区的结构

#### 4．双字寻址

双字寻址时，访问一个 32 位的存储区域，包含 4 个字节。寻址时采用以下结构：

存储区标识符（见表 4-2）+第 1 字节地址

例如：MD4

M：表示位存储器。

D：表示双字 Double Word。

4：表示从第 4 个字节开始，包括 4 个字节的存储空间。

双字的结构与字的结构相类似，理解时可参考对字的理解。双字访问的是 32 位，占 4 个字节。MD4 包括 MB4、MB5、MB6、MB7 这 4 个字节。其中 MB4 为最高字节，MB7 为最低字节。MD4 最高位的位地址为 M4.7，MD4 最低位的位地址为 M7.0。MD4 所指定的存储区的结构如图 4-7 所示。

图 4-7　MD4 的存储区的结构

**注意**：在访问存储区时，尽量避免地址重叠情况的发生。例如 MW5 与 MW6，都包含 MB6，因此在使用字寻址时，尽量用偶数，双字寻址时可采用偶数加 4（即可被 4 整除的数）寻址。例如 MD0、MD4、MD8、MD12 等。

在 STEP 7 中，若需要访问定时器或计数器时，可采用以下结构进行访问：

● 定时器标识符（T）+定时器号

● 计数器标识符（C）+计数器号

例如 T0、T1、C10、C11 等，定时器和计数器的区域是独立的，因此在使用了 C0 以后，完全可以使用 T0。

S7-300 系列 PLC 存储区功能及标识符如表 4-2 所示。

**特别强调**：最大地址范围不一定是实际可使用的地址范围，可使用的地址范围取决于 PLC 的型号和硬件配置。

### 4.2.4　STEP 7 中的块

组织块、功能和功能块统称为逻辑块，或者程序块。

### 1. 组织块（OB，Organization Block）

组织块是操作系统与用户程序的接口，用于控制用户程序的运行。组织块由操作系统调用，并控制程序的循环、中断程序的执行、PLC 的启动方式和对诊断错误的响应方式。在 OB1 中的用户程序是循环执行的主程序，它可以调用除了其他组织块的任何程序块。不同的 CPU 具有组织块的数量是不同的。

### 2. 功能（FC，Function）

功能是用户子程序，功能不需要背景数据块，功能执行结束后，数据不能保持，因此在调用功能（FC）后必须立即处理所有的初始值。

### 3. 功能块（FB，Function Block）

功能块是用户子程序。每个功能块由两部分组成：
（1）变量声明表，用于说明当前功能块中的局部数据。
（2）指令组成的程序（在程序中要用到变量声明表给出的局部数据），用于完成指定的控制任务。

当调用功能块时，需要提供执行当前功能块的数据或变量，即将外部数据传递给功能块，称为参数传递。通过参数传递，使功能块具有通用性，可以被其他块调用，从而完成多个类似的控制任务。

功能块 FB 有一个数据结构与当前功能块的参数完全相同的数据块，附属于该功能块，并随功能块的调用而打开，随该功能块的结束而关闭，这个附属的数据块称为背景数据块。存放在背景数据块中的数据在功能块 FB 结束时继续保持。

### 4. 数据块

数据块（DB）用于存放执行用户程序时的数据，在数据块中没有指令，STEP 7 按数据生成的顺序自动地为数据块中的变量分配地址。数据块的最大允许容量与 CPU 的型号有关。数据块分共享数据块和背景数据块。

共享数据块：存储的是全局数据，所有的 FB、FC 或 OB 都可以从共享数据块中读取数据或者将某个数据写入共享数据块。

背景数据块：其中的数据是伴随 FB 或 SFB 自动生成的，是 FB 或 SFB 变量声明表中的数据，不含临时变量 TEMP。它用于传递参数，FB 的实参和静态数据存储在背景数据块中，调用功能块，应同时指定背景数据块的编号。

对数据块必须遵循先定义、后使用的原则，否则将造成系统错误。

### 5. 系统功能（SFC，System Function）和系统功能块（SFB，System Function Block）

SFC 是集成在 CPU 的操作系统中预先编好程序的逻辑块，如时间功能和块传送功能等。SFC 可以在用户程序中调用。SFC 不需要背景数据块。

SFB 是已经编好的块，可以在用户程序中调用这些块，但是用户不能修改。SFB 的各种变量保存在指定给它的背景数据块中。

### 6. 系统数据块（SDB）

SDB 是由 STEP 7 产生的程序存储区，包含系统组态数据，如硬件模块参数和通信连接参数等用于 CPU 操作系统的数据。

## 4.2.5　STEP 7 的程序结构

用 STEP 7 编写 PLC 的控制程序，可以选择 3 种程序结构：线性编程、分部编程和结构化编程。在启动完成后，CPU 不断循环调用组织块 OB1，OB1 是用户程序的主程序，它可以调用别的程序块，并且允许各个块之间的相互调用。块的调用指令终止当前块（调用块）的运行，转而执行被调用块的指令。只有当被调用块指令执行完毕，原调用块才会继续执行调用指令后的指令。

STEP 7 典型程序结构见图 4-8。

图 4-8　STEP 7 典型程序结构

程序由若干指令组成，指令在存储器中顺序排列。在没有跳转指令和块调用指令时，CPU 从第一条指令开始，逐条顺序地执行用户程序，直到最后一条指令执行完，再进行循环。在执行指令时，从输入继电器或者其他存储区将有关编程元件的状态（例如"0"、"1"）读出来，根据用户所编程序的指令要求执行相应的逻辑运算，运算的结果写到相应的存储单元。

### 1. 线性编程

线性编程就是将用户程序连续放置在一个循环程序块 OB1 中，块中的程序按线性或者顺序执行每条指令。CPU 反复执行 OB1 来实现自动化任务。这种程序具有简单、直接的结构。事实上所有的程序都可以用线性编程来编写，由于所有的指令都放置在一个 OB1 内，其软件的管理功能非常简单。这种编程方法适用于由一个人来编写小型控制程序。

### 2. 分部编程（分块编程）

分部编程是将一项控制任务分解成若干个独立的子任务，每个子任务由一个功能（FC）完成，而这些功能的运行是靠组织块 OB1 内的指令来调用的。在进行分部程序设计时，既无数据交换，也无重复利用的代码。分部编程效率比线性编程有所提高，程序测试也较为方便，对程序员的要求也不太高，对不太复杂的程序可以考虑这种结构。这种编程方法允许多个设计人员同时编程，而不必考虑因设计同一内容可能出现的冲突。

### 3．结构化编程

结构化编程是指对系统中控制过程和控制要求相近或类似的功能进行分类，编写通用的指令模块（FB 或 FC），通过向这些指令模块以参数形式提供有关信息，使得结构化程序可以重复调用这些通用的指令模块。

结构化编程的特点是每个块在 OB1 中可能会被多次调用，完成具有相同工艺要求的不同控制任务，这种结构简化程序设计过程缩短代码长度、提高编程效率，比较适合较复杂自动化控制任务的设计。

# 4.3　项目解决步骤

**步骤 1．** 在理解的基础上，叙述数制并举例说明。

**步骤 2．** 能写出基本数据类型并举例说明。

**步骤 3．** 讲述 S7-300 的 CPU 的存储区的组成，并把 S7-300 的 CPU 存储区示意图画出来。

**步骤 4．** 讲述输入继电器和输出继电器的含义。

**步骤 5．** 写出直接寻址的分类及含义。

**步骤 6．** 讲述 STEP 7 的程序结构类型及特点。

**步骤 7．** 讲述 S7-300 的系统存储器的分类。

**步骤 8．** 讲述 STEP 7 中逻辑块和数据块的含义。

**步骤 9．** 讲述功能块 FB 和功能 FC 的区别。

**步骤 10．** 操作插入功能、功能块及各种组织块。

（1）插入功能 FC，鼠标右键单击如图 4-9 所示的"块"，选择"插入新对象"，左键单击"功能"。

（2）将符号名设置为"手动控制"，然后单击"确定"，如图 4-10 所示。

图 4-9　插入功能

图 4-10　功能的符号名命名

（3）通过多次操作上述 1、2 两步，可以插入组织块、功能块、数据块、数据类型、变量表，如图 4-11 所示。

图 4-11　插入的内容

（4）在 OB1 中，通过双击功能 FC1 和 FC2 进入到相应程序段中，如图 4-12 所示。

图 4-12　双击 FC1 和 FC2 进入程序段

# 巩固练习四

（1）简述直接寻址并举例。

（2）论述 S7-300 系列 PLC 存储区功能及标识符。

（3）STEP 7 的程序类型有几种？各有什么特点？

（4）详述 S7-300 的系统存储区。

（5）独立操作插入功能、功能块及各种组织块。

# 项目 5　电动机启停 PLC 控制

## 5.1　项目要求

电动机启停 PLC 控制：当按下启动按钮 SB1，电动机接触器 KM 线圈接通得电，主触点闭合，电动机 M 启动运行；当按下停止按钮 SB2，电动机接触器 KM 线圈断开失电，主触点断开，电动机 M 停止运行。如图 5-1 所示。

图 5-1　电动机启停 PLC 控制示意图

## 5.2　学习目标

（1）灵活掌握常开、常闭触点及输出线圈的使用。
（2）掌握 PLC 工作原理。
（3）灵活掌握 PLCSIM 仿真软件下载和调试。
（4）灵活掌握程序的状态监控。
（5）掌握真实 S7-300 PLC 的 PC 适配器下载与上传。

## 5.3 相关知识

### 5.3.1 常开触点

常开触点又称动合触点，其符号为 ⊢⊣。

常开触点对应的位地址存储器单元位是"1"状态时，常开触点取对应位地址存储单元位"1"的原状态，该常开触点闭合。

常开触点对应的位地址存储器单元位是"0"状态时，常开触点取对应位地址存储单元位"0"的原状态，该常开触点断开。

触点指令放在线圈的左边，是布尔型，只有两种状态。

位地址的存储单元可以是输入继电器 I、输出继电器 Q、位存储器 M 等。

**特别强调**：*梯形图程序常开触点个数可以无限制地设置。*

### 5.3.2 常闭触点

常闭触点又称动断触点，其符号为 ⊣/⊢。

常闭触点对应的位地址存储器单元位是"1"状态时，常闭触点取对应位地址存储单元位"1"的反状态，该常闭触点断开。

常闭触点对应的位地址存储器单元位是"0"状态时，常闭触点取对应位地址存储单元位"0"的反状态，该常闭触点闭合。

触点指令放在线圈的左边，是布尔型，只有两种状态。

位地址的存储单元可以是输入继电器 I、输出继电器 Q、位存储器 M 等。

**特别强调**：*梯形图程序常闭触点个数可以无限制地设置。*

### 5.3.3 输出线圈

输出线圈又称输出指令（逻辑串输出指令），其符号为 —( )。

程序中驱动输出线圈的触点接通时，线圈"得电"，这个"电"是"概念电流"或者"能流"，而不是真正的物理电流。位地址的线圈"得电"，该位地址的存储单元位是"1"。位地址的线圈"断电"，该位地址的存储单元位是"0"。输出线圈属于布尔型，只有两种状态。

输出线圈应放在梯形图的最右边。

位地址的存储单元可以是输出继电器 Q、位存储器 M 等。

**特别强调**：*避免双线圈输出，所谓双线圈输出是指在程序中同一个地址的输出线圈出现 2 次或者 2 次以上。还有程序中不能出现输入继电器 I 的线圈。*

### 5.3.4   PLC 的基本工作原理

CPU 是以分时操作方式来处理各项任务的。CPU 在每一瞬间只能做一件事，所以，程序的执行是按程序顺序依次完成相应程序段上的动作的，因此它属于串行工作方式。下面阐述 PLC 工作原理。

#### 1. PLC 控制系统的等效工作电路

PLC 控制系统等效工作电路由输入部分、内部控制电路、输出部分组成。输入部分的作用是采集输入信号，输出部分是系统的执行部件，这两部分与继电器控制电路相同，内部控制电路通过编程的方法实现控制逻辑，用软件编程代替继电器电路的功能。等效工作电路如图 5-2 所示。

图 5-2   PLC 控制系统的等效工作电路

1）输入部分

输入部分由外部输入电路、PLC 输入接线端子和输入继电器组成。每个输入端子和与其相同编号的输入继电器有着确定的唯一对应关系。当外部输入器件处于接通状态时，例如 SB1 按下，对应的输入继电器线圈"得电"。

**特别注意**：这个输入继电器是 PLC 内部的"软继电器"，就是存储器基本单元的某一位，如果输入继电器线圈"得电"，存储器基本单元对应某一位是"1"，如果输入继电器线圈"断电"，存储器基本单元对应某一位是"0"。

输入继电器线圈只能由来自现场的输入器件（如控制按钮、行程开关的触点、晶体管的基极—发射极电压、各种检测及保护器件的触点等）驱动，而不能用编程的方式去控制。因此，在梯形图程序中，只能使用输入继电器的常开和常闭触点，不能使用输入继电器的线圈。

2）内部控制电路

这是用户所编写的程序形成的用"软继电器"来代替硬继电器的控制逻辑。它的作用是按照用户程序规定的逻辑关系，对输入信号和输出信号的状态进行检测、判断、运算和处理，然后得到相应的输出。

一般用户程序是用梯形图语言编制的，它看起来很像继电器控制线路图。在继电器控制线路中，继电器的触点可瞬时动作，也可延时动作，而 PLC 梯形图中的触点是瞬时动作的。如果需要延时，可由 PLC 提供的定时器来完成。延时时间可根据需要在编程时设定，其定时精度及范围远远高于时间继电器。在 PLC 中还提供了计数器、位存储器及某些特殊功能的继电器。PLC 的这些器件所提供的逻辑控制功能，可在编程时根据需要选用，且只能在 PLC 的内部控制电路中使用。

编程时注意：

① 应根据自左至右、自上而下的原则进行控制。线圈右边不能有任何触点。

② PLC 的梯形图程序应符合"上重下轻"、"左重右轻"的编程规则，使程序结构精简，运行速度快。在有几个串联回路相并联时，应将触点最多的那个串联回路放在梯形图的最上面。在有几个并联回路相串联时，应将触点最多的并联回路放在梯形图的最左边。

③ 梯形图的每一行左侧总是触点，最右侧为线圈，各种触点为线圈是否接通的条件。梯形图中的一个触点上不应有双向电流通过。

3）输出部分

输出部分是由在 PLC 内部且与内部控制电路隔离的输出继电器的外部实际常开触点、输出接线端子和外部驱动电路组成的，用来驱动外部负载。

PLC 内部控制电路中有许多输出继电器，每个输出继电器除了为内部控制电路提供编程用的任意多个常开、常闭触点外，还为外部输出电路提供了一个实际的常开触点与输出接线端子相连。

驱动外部负载电路的电源必须由外部电源提供，电源种类及规格可根据负载要求去配备，只要在 PLC 允许的电压范围内工作即可。

## 2. PLC 的扫描工作过程

PLC 的工作方式有两个显著特点：周期性顺序扫描，集中批处理。

周期性顺序扫描是 PLC 特有的工作方式，PLC 通电后，为了使 PLC 的输出及时地响应各种输入信号，初始化后的 PLC 反复不停地分步处理各种不同任务，总是处在不断循环的顺序扫描过程中。每次扫描所用的时间称为扫描时间，又称为扫描周期或工作周期。

由于 PLC 的 I/O 点数较多，采用集中批处理的方法，可以简化操作过程，便于控制，提高系统可靠性，因此 PLC 的另一个特点就是对输入采样、执行用户程序、输出刷新实施集中批处理。

当 PLC 启动后，先进行初始化操作，包括对工作内存的初始化、复位所有的定时器、将输入/输出继电器清零，检查 I/O 单元连接是否完好，如有异常则发出报警信号。初始化之后，PLC 就进入周期性扫描过程中。

一个扫描周期分为四个扫描阶段：

1）公共处理扫描阶段

公共处理包括 PLC 自检、执行来自外设的命令、对警戒时钟（又称监视定时器或看门狗定时器 WDT——Watch Dog Timer）清零等。

PLC 自检就是 CPU 检测 PLC 各器件的状态，如出现异常再进行诊断，并给出故障信号，或自行进行相应处理，这将有助于及时发现或提前预报系统的故障，提高系统的可靠性。

PLC 自检结束后，就检查是否有外设请求，如是否需要进入编程状态，是否需要通信服务，是否需要启动磁带机或打印机等。

采用 WDT 技术也是提高系统可靠性的一个有效措施，它是在 PLC 内部设置一个监视定时器。这是一个硬件时钟，是为了监视 PLC 的每次扫描时间而设置的，对它预先设定好规定时间，每个扫描周期都要监视扫描时间是否超过规定值。如果程序运行正常，则在每次扫描周期的公共处理阶段对 WDT 进行清零（复位），避免由于 PLC 在执行程序的过程中进入死循环，或者由于 PLC 执行非预定的程序而造成系统故障，从而导致系统瘫痪。如果程序运行失常进入死循环，则 WDT 得不到按时清零而造成超时溢出，从而给出报警信号或停止 PLC 工作。

2）输入采样扫描阶段

在 PLC 存储器中，设置了一部分区域来存放输入信号，称为输入映像寄存器，CPU 以字节（8 位）为单位来读输入映像寄存器。

这是第一个集中批处理过程。在这个阶段中，PLC 按顺序逐个采集所有输入端子上的信号，不论输入端子上是否接线，CPU 顺序读取全部输入端，将所有采集到的一批输入信号写到输入映像寄存器中。在当前的扫描周期内，用户程序依据的输入信号的状态（ON 或 OFF），均从输入映像寄存器中去读取，而不管此时外部输入信号的状态是否变化。即使此时外部输入信号的状态发生了变化，也只能在下一个扫描周期的输入采样扫描阶段去读取，对于这种采集输入信号的批处理，虽然严格上说每个信号被采集的时间有先有后，但由于 PLC 的扫描周期很短，这个差异对一般工程应用可忽略，所以可认为这些采集到的输入信息是同时的。如图 5-3 所示。

图 5-3　扫描阶段

3）执行用户程序扫描阶段

这是第二个集中批处理过程。在执行用户程序扫描阶段，CPU 对用户程序按顺序进行扫描。如果程序用梯形图表示，则总是按先上后下，从左至右的顺序进行扫描。每扫描到一条指令，所需要的输入信息的状态均从输入映像寄存器中去读取，而不是直接使用现场的输入信号。对其他信息，则是从 PLC 的元件映像寄存器中读取。在执行用户程序中，每一次运算的中间结果都立即写入元件映像寄存器中，这样该元素的状态马上就可以被后面的指令所利用。对程序中输出线圈接通得电的扫描结果，也不是马上去驱动外部负载，而是将其结果写入元件映像寄存器中的输出映像寄存器，待输出刷新阶段集中进行批处理，所以执行用户程序扫描阶段也是集中批处理过程。

在这个阶段，除了输入映像寄存器外，各个元件映像寄存器的内容随着程序的执行而不断变化。

4）输出刷新扫描阶段

这是第三个集中批处理过程。当 CPU 对全部用户程序扫描结束后，将元件映像寄存器中各输出映像寄存器的状态同时送到输出锁存器中，再由输出锁存器经输出端子去驱动各输出映像寄存器对应的负载。

在输出刷新阶段结束后，CPU 进入下一个扫描周期。

## 5.3.5  程序的状态监控

STEP 7 提供了各种用于调试程序的工具。通过 LAD/STL/FBD 程序编辑器中的程序状态监视工具可以对程序进行监测和调试（模拟调试和联机调试）。

左键单击工具栏眼镜模样的按钮，可以进入程序监视状态，不同的编程语言，程序监视界面是不同的。

当激活监视模式时，不能编辑和修改程序，也不能进行编程语言的显示切换。在监视模式下，只显示正在执行的指令状态，当 CPU 在停止模式或块未被调用时，监视状态不显示。

在 LAD 中，程序的监视界面中每个逻辑行流过的不是物理电流，而是"概念电流"或者"能流"，从左流向右，其两端没有电源。这个"概念电流"只用来形象地描述用户程序执行中应满足的线圈接通条件。线路处于接通状态时显示为绿色实线，处于断开状态时显示蓝色虚线。

## 5.3.6  真实 S7-300 PLC 的 PC 适配器下载

**注意**：必须要保证程序在仿真调试时满足要求之后，再关闭仿真器。

本书用 PC 适配器（PC Adapter）COM 口的下载线，一端连接计算机的 COM 接口，另一端连接 PLC 的 MPI 接口。断电连接完成后，送电。

还有一种 PC 适配器（PC Adapter）USB 口的下载线，一端连接计算机的 USB 接口，另一端连接 PLC 的 MPI 接口。

在下载整个项目 SIMATIC 300 站点（包括硬件组态和程序等）之前，最好先下载硬件组态，然后下载整个项目的时候会默认使用硬件组态时指定的目的站地址进行下载。

**步骤 1. 硬件组态下载**

设置 PG/PC 接口。在 SIMATIC 管理器界面中，单击"选项"按钮，单击"设置 PG/PC 接口"。如图 5-4 所示。

图 5-4　设置 PG/PC 接口

在设置 PG/PC 接口界面中。单击"PC Adapter(MPI)"，单击"属性"按钮。如图 5-5 所示。

图 5-5　设置 PG/PC 接口界面

注意：在设置 PG/PC 接口界面中，如果找不到 PC Adapter，单击设置 PG/PC 接口界面中

"选择"按钮，出现如图 5-6 所示界面。在左边单击选择要安装的协议，单击"安装"按钮，右边显示已经安装的协议。

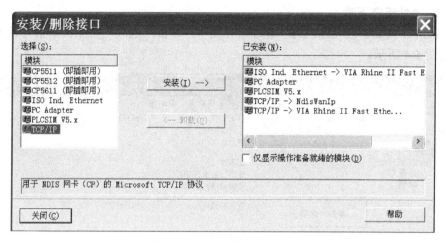

图 5-6　从左到右安装协议

在属性界面中，单击"MPI"页签，传输率选择"19.2kbps"（要与 PC 适配器下载线设置的速率一致），如图 5-7 所示。

在属性界面中，单击"本地连接"页签，如果下载线与计算机（编程器）连接的是 USB 口，单击"USB"，本书所讲的下载线与计算机（编程器）连接的是 COM 口，选择"COM1"。如图 5-8 所示。传输率选择"19.2kbps"（要与 PC 适配器下载线设置的速率一致），单击"确定"按钮。

图 5-7　MPI 界面

图 5-8　本地连接界面

回到设置 PG/PC 接口界面中，单击"确定"按钮。出现警告界面，提示访问路径已更改，单击"确定"按钮。如图 5-9 所示。

在硬件组态（HW Config）界面中，单击"保存并编译"按钮，单击"下载"按钮。如图 5-10 所示。

在弹出的选择目标模块界面中，单击"确定"按钮。如图 5-11 所示。

图 5-9　路径更改界面

图 5-10　下载

出现选择节点地址界面，单击"显示"按钮，出现可访问的节点。如图 5-12 所示。

图 5-11　选择目标模块

图 5-12　显示可访问节点

选择可访问的节点，单击"可访问节点"，然后单击"更新"按钮，单击"确定"按钮。如图 5-13 所示。

在停止目标模块界面中，单击"确定"按钮。如图 5-14 所示。

随后弹出下载对话框，提示如图 5-15 所示，单击"是(Y)"按钮。

硬件组态就成功下载结束了。

**步骤 2. SIMATIC 300（1）站点下载**

上面硬件组态下载成功后，在 SIMATIC Manager 管理器界面中，单击"SIMATIC 300（1）站点"，单击工具栏的"下载"按钮，可以把整个项目 SIMATIC 300（1）站点（**包括硬件组态、程序等**）下载到 CPU 中。如图 5-16 所示。

下载过程中会出现如图 5-17 所示对话框，单击"确定"按钮即可。

之后会弹出如图 5-18 所示对话框，单击"是(Y)"按钮。

图 5-13　更新可访问节点　　　　　　　　　　图 5-14　停止目标模块

图 5-15　下载

图 5-16　SIMATIC 300（1）站点下载

图 5-17　停止目标模块　　　　　　　　　　图 5-18　下载对话框

接下来会弹出如图 5-19 所示对话框,单击"是(Y)"按钮。

SIMATIC 300（1）站点下载到此结束,可以进行监控程序、联机调试了,如果还要下载,可以继续用 SIMATIC 300（1）站点下载方式下载。

### 5.3.7　上传

图 5-19　下载

将真实 S7-300 PLC 的硬件组态、程序等上传到编程器的步骤如下:

（1）在 SIMATIC Manager 管理器中新建项目,取名为"上传",选择菜单命令"PLC"→"将站点上传到 PG",如图 5-20 所示。

（2）设置机架为"0",插槽号为"2",输入 MPI 地址为"2",单击"确定"按钮,将该 PLC 站的项目内容上传到当前编程器（计算机）上。如图 5-21 所示。

图 5-20　站点上传到 PG

图 5-21　选择节点地址

## 5.4　项目解决步骤

用心熟读项目 5 电动机启停控制要求,找出输入和输出信号器件,输入信号器件一般是各种控制按钮、行程开关、传感器、保护器件等。

输出信号器件一般是各种信号灯、指示灯、接触器线圈、电磁阀线圈和继电器线圈等。

**步骤 1.　输入\输出信号器件分析**

输入:启动按钮 SB1、停止按钮 SB2。

输出:电动机接触器 KM 线圈。

### 步骤 2．硬件组态（参见项目 3）

根据实际使用的 PLC 配置情况进行硬件组态。

（1）双击"SIMATIC Manager"，取消 STEP 7 向导。选择"新建项目"，名称设为"电动机启停 PLC 控制"，见图 5-22。然后单击"确定"按钮，出现新建项目名称对话框。

图 5-22　新建项目

（2）在项目名称"电动机启停 PLC 控制"的上面右键单击，出现下拉菜单，选择"插入新对象"，出现下拉菜单，单击"SIMATIC 300"站点。

（3）双击"SIMATIC 300"站点，双击"硬件"，选择右侧的"SIMATIC 300"，选择"RACK-300"，双击选择"Rail"。

（4）鼠标左键在 1 号插槽上单击，使其变为蓝色，1 号插槽中插入电源模块，实际中使用哪一块电源模块，硬件组态中就选择哪块电源模块。本书中选用的 PLC 电源模块是 PS 307 5A，所以双击"PS 307 5A"来选择。

（5）2 号插槽选择 CPU 模块。根据实际使用的模块选择，本书中选用的模块是 CPU314C-2DP（V2.6 版本），所以在该模块上双击即可。

（6）3 号插槽用于扩展，现在不使用，空着。用鼠标左键单击 4 号插槽，4 号插槽可以选择信号模块，根据实际使用模块选择，本书使用的输入模块是 SM321 DI16*DC24V，在右边配置中找到它，在该模块上双击即可。

（7）鼠标左键单击 5 号插槽，插槽处变成蓝色，5 号插槽可以选择信号模块，根据实际使用模块选择，本书使用的是输出模块 SM322 DO16*DC24V/0.5A，在右边配置中找到它，在该模块上双击即可。

（8）保存并且编译，然后选择"确定"。

**步骤 3．I/O 地址分配**

I/O 地址分配如表 5-1 所示。

表 5-1　输入/输出地址分配表

| 序　号 | 输入信号器件名称 | 编程元件地址（输入端子） | 序　号 | 输出信号器件名称 | 编程元件地址（输出端子） |
|---|---|---|---|---|---|
| 1 | 启动按钮 SB1（常开触点） | I0.0 | 1 | 电动机接触器 KM 线圈 | Q4.0 |
| 2 | 停止按钮 SB2（常开触点） | I0.1 | | | |

**步骤 4．接线图**

输入模块 SM321 和输出模块 SM322 前连接器的接线端子共 20 针，编号从 1 到 20。SM322 只画出编号从 1 到 10。电动机启停控制接线图如图 5-23 所示。

图 5-23　电动机启停 PLC 控制接线图

**步骤 5．编写启停控制程序**

当按下启动按钮 SB1，SB1 常开触点闭合→形成回路→对应的输入继电器的 I0.0 线圈"得电"→输入继电器存储单元 I0.0 位为"1"→梯形图 I0.0 常开触点接通→输出继电器 Q4.0 线圈"得电"→Q4.0 常开物理触点闭合→输出电源和接触器 KM 线圈形成闭合回路→接触器 KM 线圈得电→电动机接触器 KM 主触点闭合→电动机启动。如图 5-24 所示。

图 5-24　电动机启动

当按下停止按钮 SB2，SB2 常开触点接通→形成回路→对应输入继电器的 I0.1 线圈"得电"→输入继电器的存储单元 I0.1 位是"1"→梯形图常闭触点 I0.1 断开→输出继电器 Q4.0 线圈"失电"→Q4.0 常开物理触点断开→断开了输出电源和接触器 KM 线圈形成的回路→接触器 KM 线圈失电→电动机接触器 KM 主触点断开→电动机停止。如图 5-25 所示。

图 5-25 电动机停止

下面将通过 STEP 7 软件来完成输入程序：

（1）在 SIMATIC Manager 管理器界面中，单击"块"（见图 5-26），然后双击"OB1"。

图 5-26 选择 OB1

（2）在"属性—组织块"窗口中单击"创建语言"并选择"LAD"，即使用梯形图语言来编程，如图 5-27 所示。单击"确定"按钮后出现程序编辑器对话框。

图 5-27　组织块 OB1

（3）程序编辑器对话框如图 5-28 所示（彩色效果见电子课件，后同）。

图 5-28　编辑程序界面

（4）用梯形图语言来输入程序，梯形图按从左到右、自上而下的顺序排列。每一逻辑行起始于左母线，在工具栏上单击常开触点，单击常闭触点，单击输出线圈，并联自锁触点，具体步骤按照图 5-29 上所标明的顺序。

（5）用键盘在梯形图问号处输入编程元件地址，不分大小写，输完后按 Enter 键来确定。最后在工具栏单击"保存"按钮。如图 5-30 所示。

图 5-29　输入梯形图

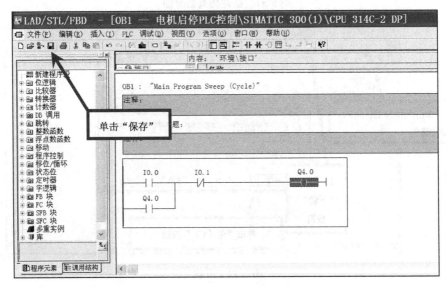

图 5-30　键入 I/O 编程元件地址

### 步骤 6．用 S7-PLCSIM 和程序状态监控调试程序

（1）S7-PLCSIM 仿真器 SIMATIC 站点下载（包括程序块、系统数据中的硬件组态和网络组态信息）的具体步骤如下：

① 在 SIMATIC Manager 界面，将鼠标移动至蝴蝶模样的按钮上，系统会显示"打开/关闭仿真器"，单击蝴蝶模样按钮打开仿真器（有的自动出现CPU，但是有的要单击白色按钮"New Simulation"才出现CPU），因为要下载，所以在 STOP 或者 RUN-P 左边白色小方框打勾，本次选择STOP，插入IB0，插入QB0，将其改为QB4。按 Enter 键确定。如图 5-31 所示。

② 单击"SIMATIC 300（1）"站点使其变成蓝色，单击"下载"按钮，弹出的对话框提

示"是否要彻底删除可编程控制器上的系统数据，并用离线系统数据替换？"，单击"是（Y）"按钮，如图 5-32 所示。

图 5-31　新建仿真器界面

图 5-32　下载

③ 系统弹出对话框提示"是否要继续此功能？"，左键单击"是（Y）"按钮，如图 5-33 所示。

④ 系统弹出对话框提示"块'OB1'已经存在！是否要将其覆盖？"，单击"是（Y）"按钮，如图 5-34 所示。

（2）PLCSIM 运行与打开监视器进行监控。在仿真器对话框中，将仿真器的 STOP 模式切到 RUN 模式。

在程序状态对话框中，单击"监视器（开/关）"按钮打开监视器，蓝色虚线代表断开，绿色实线代表接通。如图 5-35 所示。

图 5-33　下载（一）

图 5-34　下载（二）

图 5-35　仿真调试

① 调试电动机启动运行。用鼠标左键模拟启动按钮 SB1 按下，在仿真器 I0.0 小方框上单击两下（单击一下 I0.0 小方框，出现"√"，表示 I0.0 为"1"；再单击一下 I0.0 小方框，"√"消失，表示 I0.0 为"0"）。单击两下使得 I0.0 状态变化为"0"→"1"→"0"，是用鼠标模拟按钮按下再释放过程，电动机启停程序执行后，仿真器上 Q4.0 显示"√"，即 Q4.0 为"1"，表示 Q4.0 有输出，电动机启动运行。如图 5-36 所示。

图 5-36　调试电动机启动

② 调试停止电动机运行。用鼠标左键模拟按下停止按钮 SB2，在仿真器 I0.1 小方框上单击两下（单击一下 I0.1 小方框，出现"√"，表示 I0.1 为"1"；再单击一下 I0.1 小方框，"√"消失，表示 I0.1 为"0"）。单击两下使得 I0.1 状态变化为"0" → "1" → "0"，电动机启停程序执行后，仿真器上 Q4.0 的"√"消失，即 Q4.0 为"0"，表示 Q4.0 无输出，电动机停止。如图 5-37 所示。

图 5-37　调试停止电动机运行

满足上述情况，说明仿真调试成功，进入联机调试。如果不满足上述情况，检查原因，修改程序重新调试，直到仿真调试成功。

另外，如果需要将模拟调试过程录制下来，在开始调试时，单击记录与回放按钮　，然后单击录制按钮　　，即可开始对调试过程进行录制。

录制结束，单击"停止"，再单击"保存"，给录制的文件命名为***.txt ，播放时选择打开该文件，选择播放，可以看到录制内容。

**特别强调**：如果遇到指令问题，按下 F1 可以获得帮助。

**步骤 7. 联机调试**

（1）全部断电情况下，根据电动机启停 PLC 控制接线图正确接线，下载线连接正确。将 PLC 调为 RUN 模式。

（2）整个系统送电，打开 STEP 7 软件，将程序输入到编程器中，仿真器要处于关闭状态。

**注意**：在 S7-PLCSIM 软件打开的情况下，所有下载/监控/上传的操作，都是针对 S7-PLCSIM 进行的，与真实 PLC 无关。如果此时想要编程器与真实 PLC 建立连接，完成程序下载/上传/监控等操作，应先把 S7-PLCSIM 关闭。

（3）首先进行硬件组态下载，下载成功后，再进行 SIMATIC 300(1)站点下载（参见 5.3.6 真实 S7-300 PLC 的 PC 适配器下载）。

（4）按下启动按钮 SB1，电动机启动运行，按下停止按钮 SB2，电动机停止。由此可见在联机调试情况下，程序满足要求，联机调试成功。如果不能满足要求，检查原因，修改程序，重新调试，直到满足要求为止。

# 巩固练习五

（1）有一盏彩灯 HL，用一个开关控制它的亮灭，请用不同的指令来编写程序。并且调试正确。

要求：

① 完成输入/输出信号器件分析。

② 完成硬件组态及 I/O 地址分配。

③ 画出接线图。

④ 编写控制程序。

⑤ 调试控制程序。

（2）有一水池，通过启动按钮 SB1 启动一台水泵从水池抽水，把水抽到水箱中，如果水箱满，通过停止按钮 SB2 停止水泵抽水。

（3）用红、黄、绿三个信号灯显示三台电动机的运行情况，控制要求：

① 每台电动机分别由启动与停止按钮控制。

② 当无电动机运行时红灯亮。

③ 当一台电动机运行时黄灯亮。

④ 当两台电动机以上（包括两台）电动机运行时绿灯亮。

（4）风机监视。

控制任务：某设备有两台电动机，三台风机，当设备处于工作状态时，如果风机有两台或者三台转动，则绿色指示灯亮，如果只有一台风机转动，则红色指示灯亮，如果任何风机都不转动，则报警器响。当设备不工作时，指示灯不亮，报警器不响。

（5）设计一个报警装置。

控制任务：具有声光报警功能，当故障发生时，报警灯亮，报警铃响，工作人员知道故障发生后，按故障响应按钮，报警铃不响，报警灯仍然亮；故障解除后，报警灯灭。另外，还要设置测试报警灯和报警铃的按钮，用于平时检测报警灯和报警铃是否正常工作。

# 项目 6   电动机正反转 PLC 控制

## 6.1   项目要求

按下正转启动按钮 SB1，电动机正转接触器 KM1 线圈接通得电，接触器 KM1 主触点接通，电动机正转启动，按下停止按钮 SB3，电动机正转接触器 KM1 线圈失电，接触器 KM1 主触点断开，电动机停止转动。按下反转启动按钮 SB2，电动机反转接触器 KM2 线圈接通得电，KM2 接触器主触点接通，电动机反转启动，按下停止按钮 SB3，电动机反转接触器 KM2 线圈失电，KM2 接触器主触点断开，电动机停止。能够实现正转与反转之间的直接切换，如图 6-1 所示。

图 6-1   正反转 PLC 控制等效示意图

## 6.2   学习目标

（1）掌握置位/复位指令使用方法。
（2）加深理解 PLC 的基本工作原理。
（3）掌握 PLCSIM 中使用符号地址的方法。
（4）掌握用变量表监控与调试程序的方法。
（5）掌握跳变沿指令使用。
（6）巩固学习者对仿真软件与程序状态监控的理解与使用。

# 6.3　项目解决步骤

**步骤 1．输入/输出信号器件分析**

输入：正转启动按钮 SB1、停止按钮 SB3、反转启动按钮 SB2。

输出：电动机正转接触器 KM1 线圈、电动机反转接触器 KM2 线圈。

**步骤 2．硬件组态（参见项目 3）**

**步骤 3．输入/输出地址分配表**

根据任务，输入/输出地址分配如表 6-1 所示。

表 6-1　输入/输出地址分配表

| 序　号 | 输入信号器件名称 | 编程元件地址 | 序　号 | 输出信号器件名称 | 编程元件地址 |
|---|---|---|---|---|---|
| 1 | 正转启动按钮 SB1（常开触点） | I0.0 | 1 | 电动机正转接触器 KM1 线圈 | Q4.0 |
| 2 | 反转启动按钮 SB2（常开触点） | I0.1 | 2 | 电动机反转接触器 KM2 线圈 | Q4.1 |
| 3 | 停止按钮 SB3（常开触点） | I0.2 | | | |

**步骤 4．接线图**

为防止正转接触器 KM1 线圈与反转接触器 KM2 线圈同时得电，造成三相电源短路，在 PLC 外部设置了硬件互锁电路。接线图如图 6-2 所示。

图 6-2　正反转接线图

**步骤 5．编辑符号表**

在 STEP 7 的程序设计过程中，为了增加程序的可读性，可以建立符号表。在程序编辑器界面单击"选项"→"符号表"，输入符号表内容，然后单击"保存"。如图 6-3 所示。

**步骤 6. 编写正反转控制程序**

程序比较简单，采用线性化编程。所有程序都在组织块 OB1 中。编程思路：首先项目要求一定要理解，根据项目要求，还有输入/输出地址分配表，进行下面的编程，当按下正转启动按钮 SB1

图 6-3 正反转符号表

时，输入继电器存储单元 I0.0 位是"1"，因此梯形图 I0.0 常开触点（即 ⊣├ ）接通，由于 I0.2 常闭触点（即 I0.2 ⊣/├ ）是接通状态，所以梯形图 Q4.0 线圈（即 Q4.0 ( ) ）接通"得电"。Q4.0 自锁触点（即 Q4.0 ⊣├ ）的功能是当 I0.0 常开触点断开时，通过 Q4.0 自锁触点仍然能使梯形图 Q4.0 线圈接通"得电"。

当按下停止按钮 SB3 时，输入继电器的存储单元 I0.2 位是"1"，因此梯形图 I0.2 常闭触点（即 I0.2 ⊣/├ ）断开，所以梯形图 Q4.0 线圈"失电"。

正转接触器 KM1 线圈与反转接触器 KM2 线圈不能同时得电，硬件已经采用了互锁。还要采用软件互锁，就是在 Q4.0 输出线圈左侧串联一个 Q4.1 常闭触点，在 Q4.1 输出线圈左侧串联一个 Q4.0 常闭触点。另外，在程序段 1 回路上串联 I0.1 常闭触点，在程序段 2 回路上串联 I0.0 常闭触点。这样硬件与软件都实现了互锁。避免 KM1、KM2 线圈同时得电，使运行更安全。要完成正反转切换，将正转启动按钮的编程元件地址 I0.0 常闭触点串联在对方程序段 2 回路上，将反转启动按钮的编程元件地址 I0.1 常闭触点串联在对方程序段 1 回路上。最终电动机正反转完整程序如图 6-4 所示。

用输出线圈编写
正反转程序讲解

程序段1：电动机正转

> 按下正转启动按钮SB1，电动机正转，按下停止按钮SB3，电动机停止，Q4.1常闭触点是线圈互锁触点。Q4.0
> 常开触点是自锁触点。

程序段2：电动机反转

> 按下反转启动按钮SB2，电动机反转，按下停止按钮SB3，电动机停止，Q4.0常闭触点是线圈互锁触点。Q4.1
> 常开触点是自锁触点。

图 6-4 电动机正反转完整程序

图 6-4　电动机正反转完整程序（续）

**步骤 7．仿真调试程序**

正转仿真调试：模拟按下正转启动按钮 SB1（用鼠标在仿真器 I0.0 上双击），程序执行后，梯形图 Q4.0 输出线圈"得电"，变成绿色实线，仿真器 Q4.0 为"1"，表示电动机正转。如图 6-5 所示。

图 6-5　正转调试

停止仿真调试：模拟按下停止按钮 SB3（在仿真器 I0.2 上双击），程序执行后，梯形图 Q4.0 输出线圈"断电"，变成蓝色虚线，仿真器 Q4.0 为"0"，表示电动机停止。如图 6-6 所示。

反转仿真调试：模拟按下反转启动按钮 SB2（在仿真器 I0.1 上双击），执行程序后，梯形图 Q4.1 输出线圈"得电"，变成绿色实线，仿真器 Q4.1 为"1"，表示电动机反转。如图 6-7 所示。

停止仿真调试：模拟按下停止按钮 SB3（在仿真器 I0.2 上双击），执行程序后，梯形图 Q4.1 输出线圈"断电"，变成蓝色虚线，仿真器 Q4.1 为"0"，表示电动机反转停止。如图 6-8 所示。

**程序段 1**：电动机正转程序

按下正转启动按钮SB1，电动机正转，按下停止按钮SB3，电动机停止，Q4.1常闭触点是线圈互锁触点，Q4.0常开触点是自锁触点。

图 6-6　停止调试

**程序段 2**：电动机反转程序

按下反转启动按钮SB2，电动机反转，按下停止按钮SB3，电动机停止，Q4.0常闭触点是线圈互锁触点，Q4.1常开触点是自锁触点。

图 6-7　反转调试

**程序段 2**：电动机反转程序

按下反转启动按钮SB2，电动机反转，按下停止按钮SB3，电动机停止，Q4.0常闭触点是线圈互锁触点，Q4.1常开触点是自锁触点。

图 6-8　停止调试

仿真调试正转和反转之间切换：模拟正转启动按钮 SB1 按下（用鼠标左键在仿真器 I0.0 上双击），执行程序后，Q4.0 为 "1"，表示电动机正转。模拟反转启动按钮 SB2 按下（用鼠标左键在仿真器 I0.1 上双击），执行程序后，Q4.0 为 "0"，正转停止，Q4.1 为 "1"，电动机开始反转。模拟正转启动按钮 SB1 按下（用鼠标左键在仿真器 I0.0 上双击），执行程序后，Q4.1 为 "0"，反转停止，Q4.0 为 "1"，电动机正转。

满足上述情况说明仿真调试成功，进入联机调试。如果不满足上述情况，检查原因，修改程序，重新调试，直到仿真调试成功。

**步骤 8. 联机调试（参考项目 5 联机调试）**

确保连线正确的情况下，下载硬件组态和程序等到真实 PLC 中（参见 5.3.6 真实 S7-300 PLC 的 PC 适配器下载）。

如果按下正转启动按钮 SB1，电动机正转，按下停止按钮 SB3，电动机停止转动，按下反转启动按钮 SB2，电动机反转，按下停止按钮 SB3，电动机停止转动，能够实现正传与反转之间的直接切换，满足要求，调试成功。如果不能满足要求，检查原因，修改程序，重新调试，直到满足要求为止。

## 6.4  相关知识

### 6.4.1  在 PLCSIM 中使用符号地址

以电动机正反转 PLC 控制为例来学习在 PLCSIM 中使用符号地址，单击工具栏上的 "插入垂直位" 按钮，插入垂直位列表，设置地址为 IB0 和 QB4，如图 6-9 所示。

图 6-9  插入垂直位列表

单击 "工具" 按钮，选择 "选项"，单击 "连接符号"。如图 6-10 所示。

图 6-10　垂直位列表

单击"浏览"按钮，找到所做项目"电动机正反转 PLC 控制"，单击"S7 程序（1）"，单击"符号"，单击"确定"按钮，如图 6-11 所示。

图 6-11　打开项目

显示符号地址如图 6-12 所示。

图 6-12　显示符号

## 6.4.2　用变量表监控调试程序

使用变量表可以用一个画面同时监控和修改用户感兴趣的全部或很多变量。一个项目可以生成多个变量表，以满足不同的调试要求。变量表可以监控和改写的变量包括输入/输出继电器、位存储器 M、定时器 T、计数器 C、数据块内的存储单元和外设输入/外设输出（PI/PQ）。

### 1．变量表的功能

（1）监视变量，显示用户程序或 CPU 中每个变量的当前值。

（2）修改变量，将固定值赋给用户程序或 CPU 中的变量。

（3）对外设输出赋值，允许在停机状态下将固定值赋给 CPU 的每个输出点 Q。

（4）强制设定变量，给某个变量赋一个固定值，用户程序的执行不会影响被强制设定的变量的值。要确保设备安全的情况下，使用强制设定变量。

（5）定义变量被监视或赋予新值的触发点和触发条件。

### 2．在变量表中输入变量

以电动机正反转 PLC 控制为例，在 SIMATIC 管理器中执行菜单命令"插入"→"S7 块"→"变量表"，生成新的变量表。双击打开生成的变量表。如图 6-13 所示。

在第 1 行"地址"列输入"I0.0"，符号"正启按钮 SB1"自动显示，显示格式为"BOOL"。在第 2 行"地址"列输入"I0.1"，符号"反启按钮 SB2"自动显示，显示格式为"BOOL"。在第 3 行"地址"列输入"I0.2"，符号"停止按钮 SB3"自动显示，显示格式为"BOOL"。在第 4 行"地址"列输入"Q4.0"，符号"正转接触器 KM1 线圈"自动显示，显示格式为"BOOL"。在第 5 行"地址"列输入"Q4.1"，符号"反转接触器 KM2 线圈"自动显示，显示格式为"BOOL"。如图 6-14 所示。

图 6-13　插入变量表

图 6-14　键入变量

### 3．监视变量

单击工具栏上的监视变量按钮 ，启动监视功能。变量表中的状态值按设定的触发条件显示在变量表中（绿色柱状和灰色方块）。单击修改变量按钮 ，用 PLCSIM 仿真时，选择 RUN-P 模式，否则某些监控功能会受到限制。

### 4．修改变量

首先在要修改的变量"修改数值"列输入要修改的值（输入布尔型变量的修改值 0 或 1

后按回车键，它们将自动变为"false"或"true"）。

注意：如果在联机调试情况下，在执行修改功能前，应确认不会有危险的情况出现。

选择 RUN-P 模式，按下选择监视按钮，在修改数值处输入数值，按下修改变量按钮，输出值根据程序而变化。

利用变量表调试正转启动，模拟按钮按下，I0.0 所在行的"修改数值"改为"1"，按回车确认，按下监控按钮，再按下修改变量按钮，由于程序作用，输出 Q4.0 为"1"，在状态值列显示 true。如图 6-15 所示。模拟按钮松开，将 I0.0 改为"0"，按回车键，按修改变量按钮。

图 6-15　电动机正转调试

模拟停止按钮按下，I0.2 为"1"，停止按钮松开，I0.2 为"0"，由于程序作用，输出 Q4.0 为"0"。在状态值列显示为"false"，正转停止。

利用变量表调试反转启动，I0.1 所在行的"修改数值"改为"1"，按回车确认，按下监视按钮，再按下修改变量按钮，由于程序作用，输出 Q4.1 为"1"，在状态值列显示 true。如图 6-16 所示。模拟按钮松开，将 I0.1 改为"0"，按回车键，按修改变量按钮。

图 6-16　电动机反转调试

模拟停止按钮按下，I0.2 为"1"，停止按钮松开，I0.2 为"0"，由于程序作用，输出 Q4.1 为"0"，在状态值列显示为"false"，反转停止。

用户可以有选择地复制符号表中的某些地址，然后将其粘贴到变量表。

二进制格式显示 IB0，可以同时显示和分别修改 I0.0～I0.7 输入位，观看输出显示位 Q4.0~Q4.7。使用这一方法，可以应用到 16 位字，32 位双字的情况。

利用变量表调试正转启动，IB0 所在行的"修改数值"改为"00000001"，按回车确认，按下监视按钮，再按下修改变量按钮，由于程序作用，输出 Q4.0 为"1"，在状态值列显示 true。如图 6-17（a）所示。

利用变量表调试反转启动，IB0 所在行的"修改数值"改为"00000010"，按回车确认，按下监视按钮，再按下修改变量按钮，由于程序作用，输出 Q4.1 为"1"，在状态值列显示 true。

如图 6-17（b）所示。

（a）使用二进制正转启动调试

（b）使用二进制反转启动调试

图 6-17　二进制调试

执行"视图"菜单最上面的 9 条命令，可以打开或关闭变量表中对应的列。如图 6-18 所示。

图 6-18　变量表列显示选择

### 6.4.3　置位与复位指令

在电动机启停控制程序中，如果梯形图中没有 Q4.0 自锁常开触点，就一直要按着启动按钮，不能松开，这显然太麻烦，下面学习的指令可以解决这个问题。

置位指令———( S )：根据 RLO 的值来决定指定位地址的状态是否需要改变。

RLO 是逻辑操作的结果，是状态字的第一位，英文是 Result of Logic Operation，该位存储逻辑指令或比较指令的结果，在逻辑串中，RLO 位的状态表示有关信号能流的信息，RLO 的状态为"1"，表示有信号能流（通），RLO 状态为"0"，表示无信号能流（断）。可用 RLO 触发跳转指令。指令执行时，可能改变逻辑操作结果。

如果 RLO 为"1"，也就是置位指令左边的逻辑运算结果为"1"时，置位指令执行，使指定位地址的内容为"1"。如果 RLO 为"0"，也就是置位指令左边的逻辑运算结果为"0"时，置位指令不执行，使指定位地址内容状态保持不变。位地址可使用存储区 I、Q、M、D和 L。置位指令执行后的指定位地址内容为"1"，即使置位指令左边的逻辑运算结果变为"0"，位地址的内容还是为"1"（具有自锁功能，不需要另外自锁触点就可以保持位地址的内容为"1"）。只有接通执行复位指令后，位地址的内容才为"0"。

复位指令——（R）：复位指令使指定位地址的内容为 0。如果 RLO 为"1"，也就是复位指令左边的逻辑运算结果为"1"时，复位指令使指定位地址的内容为"0"。如果 RLO 为"0"，指定位地址内容状态保持不变。位地址可使用存储区 I、Q、M、D 和 L，也可复位定时器和计数器。

**注意**：当置位指令和复位指令同时出现时，如果复位指令在置位指令后，按照扫描的结果，最终执行的是复位指令，如果置位指令在复位指令后，最终执行的是置位指令。

启停控制程序如图 6-19 所示。

图 6-19  键入置位和复位指令

PLCSIM 仿真软件调试过程：

模拟启动按钮 SB1 按下，在仿真器 I0.0 上双击，Q4.0 被置"1"，置位指令和复位指令的括号都是绿色实线。如图 6-20 所示。

程序段1：电动机运行

```
   I0.0                                          Q4.0
 "启动按钮                                     "电动机接
SB1(常开)"                                    触器KM线圈"
    ┤├ ─────────────────────────────────────────( S )───
```

程序段2：电动机停止

```
   I0.1                                          Q4.0
 "停止按钮                                     "电动机接
SB2(常开)"                                    触器KM线圈"
    ┤├ ─────────────────────────────────────────( R )───
```

图 6-20　置位和复位指令的使用（一）

模拟停止按钮 SB2 按下，在仿真器 I0.1 上双击，Q4.0 被复位成"0"，置位指令和复位指令的括号都是蓝色虚线。如图 6-21 所示。

程序段1：电动机运行

```
   I0.0                                          Q4.0
 "启动按钮                                     "电动机接
SB1(常开)"                                    触器KM线圈"
    ┤├ ─────────────────────────────────────────( S )───
```

程序段2：电动机停止

```
   I0.1                                          Q4.0
 "停止按钮                                     "电动机接
SB2(常开)"                                    触器KM线圈"
    ┤├ ─────────────────────────────────────────( R )───
```

图 6-21　置位和复位指令的使用（二）

## 6.4.4　触发器

在梯形图中触发器有置位优先和复位优先两种类型（见图 6-22）。

图 6-22　触发器

置位优先型 RS 触发器中，R 端在 S 端之上，当两个输入端都为"1"时，即都接通时，置位输入最终有效，即执行置位功能，这是因为 CPU 顺序扫描时，置位端有优先权。S 端输入为"1"、R 端输入为"0"时，执行置位功能，输出端 Q 为"1"。S 端输入为"0"、R 端输入为"1"时，执行复位功能，输出端 Q 为"0"。

复位优先型 SR 触发器中，S 端在 R 端之上，当两个输入端都为"1"时，即都接通时，复位输入最终有效，即执行复位功能，这是因为 CPU 顺序扫描时，复位端有优先权。S 端输入为"1"、R 端输入为"0"时，执行置位功能，输出端 Q 为"1"。S 端输入为"0"、R 端输入为"1"时，执行复位功能，输出端 Q 为"0"。

置位优先型 RS 触发器和复位优先型 SR 触发器的区别在于 S 端和 R 端输入均为"1"时，SR 触发器的输出端 Q 为"0"，RS 触发器的输出端 Q 为"1"。

Q 端与触发器指令的位地址（??.?）对应存储单元状态一致。存储区可使用 I、Q、M、D 和 L。

在电动机启停控制程序中，复位优先型 SR 触发器编程如图 6-23 所示，当 I0.0 接通时，Q 端为"1"，接通 Q4.0 线圈。I0.1 接通时，Q 端为"0"，断开 Q4.0 线圈。位存储位的状态 M0.0 与 Q 端、Q4.0 输出线圈状态相同。当常开触点 I0.0 与常开触点 I0.1 都接通时，Q 端为"0"。

图 6-23　SR 触发器

## 6.4.5　跳变沿检测指令

当信号状态由"0"变化到"1"，则产生正跳沿（上升沿、前沿），如果信号状态由"1"变化到"0"，则产生负跳沿（下降沿、后沿）。

RLO 跳变沿检测指令分为 RLO 正跳沿检测和 RLO 负跳沿检测。

RLO 正跳沿检测：中间标有—(P)—的左边程序逻辑运算结果（RLO）由 0 变为 1，即左边能流由断开变为接通时，检测到一次正跳变（上升沿）。能流只在该扫描周期内流过检测元件，右边的元件仅在当前扫描周期内通电。只有一个扫描周期，时间很短。

RLO 负跳沿检测：中间标有 $—(N)—$ 的左边程序的逻辑运算结果（RLO）由"1"变为"0"，即左边能流由接通变为断开时，检测到一次负跳变（下降沿）。能流只在该扫描周期内流过检测元件，右边的元件仅在当前扫描周期内通电。只有一个扫描周期，时间很短。

跳变沿检测元件的上方位地址为边沿存储位，用来存储上一次扫描循环的逻辑运算结果。

用跳变沿编写的启停控制程序如图 6-24 所示。

图 6-24　跳变沿编写的启停控制程序

用仿真软件调试过程：模拟按下启停开关（在仿真器 I0.0 小方框上单击一下），梯形图 I0.0 常开触点由断开变为接通。此时正跳沿（P）左侧逻辑运算结果由"0"变为"1"，正跳沿指令（P）右侧产生短暂输出，从而执行置位指令接通 Q4.0，Q4.0 置为"1"，仿真器 Q4.0 显示为"1"，表示电动机启动运行。如图 6-25 所示。

图 6-25　启动调试

模拟再次按下启停开关（在仿真器 I0.0 小方框上再单击一下），梯形图常开触点 I0.0 由 "1" 变为 "0"，负跳沿（N）左侧逻辑运算结果由 "1" 变为 "0"，负跳沿指令（N）右侧产生短暂输出，执行复位指令，将 Q4.0 位复位成 "0"，仿真器 Q4.0 显示为 "0"，表示电动机停止运行。如图 6-26 所示。

图 6-26　停止调试

# 6.5　项目解决方法拓展

## 1．应用触发器编写正反转控制程序

触发器编写控制程序如图 6-27 所示。

图 6-27　触发器控制程序

图 6-27  触发器控制程序（续）

仿真软件调试正转启动和停止过程如图 6-28 和图 6-29 所示。

图 6-28  正转启动

图 6-29  正转停止

仿真软件调试反转启动和停止过程如图 6-30 和图 6-31 所示。

图 6-30　反转启动

图 6-31　反转停止

## 2. 用置位、复位指令编写正反转程序

置位、复位指令编写正反转程序如图 6-32 所示。

程序段1：接通正转接触器KM1线圈

图 6-32　置位、复位指令编写正反转程序

程序段2：接通反转接触器KM2线圈

```
   I0.0              I0.2        Q4.0        Q4.1
 "反启按钮          "停止按钮    "正转接触    "反转接触
  SB2"              SB3"        器KM1线圈"   器KM2线圈"
───┤├──────────────┤/├─────────┤/├─────────( S )───
```

程序段3：断开正转接触器KM1线圈

```
   I0.1                                       Q4.0
 "反启按钮                                   "正转接触
  SB2"                                       器KM1线圈"
───┤├────────────────────┬─────────────────( R )───
                         │
   I0.2                  │
 "停止按钮               │
  SB3"                   │
───┤├────────────────────┤
                         │
   Q4.1                  │
 "反转接触               │
  器KM2线圈"             │
───┤├────────────────────┘
```

程序段4：接通反转接触器KM2线圈

```
   I0.0                                       Q4.1
 "正启按钮                                   "反转接触
  SB1"                                       器KM2线圈"
───┤├────────────────────┬─────────────────( R )───
                         │
   I0.2                  │
 "停止按钮               │
  SB3"                   │
───┤├────────────────────┤
                         │
   Q4.0                  │
 "正转接触               │
  器KM1线圈"             │
───┤├────────────────────┘
```

图 6-32　置位、复位指令编写正反转程序（续）

# 巩固练习六

（1）某双向运转的传送带采用两地控制，当传送带上的工件到达终端的指定位置后，自动停止运转，在传送带的两端均有启动按钮和停止按钮，并且均有工件检测传感器。

要求：

① 完成输入/输出信号器件分析。

② 完成硬件组态及 I/O 地址分配。

③ 画出接线图。

④ 建符号表。

⑤ 编写控制程序。

⑥ 调试控制程序。

（2）线圈形式的置位、复位指令与触发器有什么区别？

（3）设计一个抢答器 PLC 控制系统。

控制任务：有 3 组抢答台和一位主持人，每个抢答台上各有一个抢答按钮和一盏抢答指示灯。参赛者在允许抢答时，第一个按下抢答按钮的抢答桌上的指示灯将会亮，且松开抢答按钮后，指示灯仍会亮，此后其他两个抢答台上的按钮即使按下，其桌上的指示灯也不会亮。这样主持人就可以知道谁是第一个按下的，该题回答结束后，主持人按下主持台上的复位按钮，则抢答指示灯灭，又可以进行下一题的抢答。

（4）五站点呼叫小车。

控制任务：一辆小车在一条线路上运行，线路上有五个站点，每个站点各设一个行程开关和一个呼叫按钮。要求无论小车在哪个站点，当某一个站点按下按钮后，小车将自动行进到发出呼叫的站点。如图 6-33 所示。

图 6-33　五站点呼叫小车示意图

# 项目 7　小车自动往复运动 PLC 控制

## 7.1　项目要求

小车由交流电动机驱动，改变电动机的旋转方向（正反转）就可以改变小车的运动方向。按下启动按钮 SB1 后，小车向左运行，碰到左限位行程开关 SQ1，发出停止信号，停止左行，同时发出启动右行信号，小车右行，碰到右限位行程开关 SQ2，发出停止信号，停止右行，同时发出启动左行信号，小车左行，重复上述往复运动过程。按下停止按钮，小车停止。小车电动机以热继电器 FR 为过载保护，使电动机免受长期过载之危害，即电流超过电动机额定电流一定倍数时，其 FR 动断触头应能在一定时间内断开，达到停止电动机的目的。故障排除后，FR 热继电器由人工进行复位。小车运行过程如图 7-1 所示。

图 7-1　小车往复运动

## 7.2　学习目标

（1）巩固触发器、置位/复位指令和输出线圈应用能力。
（2）掌握行程控制类编程方法。
（3）掌握电动机过载保护 FR 常闭触点在编程中的应用。
（4）提高编程及调试能力。

## 7.3　项目解决步骤

**步骤 1. 输入/输出信号器件分析**

说明：常开触点又称动合触点，常闭触点又称动断触点。

输入：启动按钮 SB1（动合触点）；停止按钮 SB2（动合触点）；左限位行程开关 SQ1（动合触点）；右限位行程开关 SQ2（动合触点）；热继电器 FR（动断触点）。

输出：左行接触器 KM1 线圈；右行接触器 KM2 线圈。

**步骤 2．硬件组态（参见项目 3）**

**步骤 3．输入/输出地址分配表**

输入/输出地址分配如表 7-1 所示。

表 7-1　输入/输出地址分配表

| 序　号 | 输入信号器件名称 | 编程元件地址 | 序　号 | 输出信号器件名称 | 编程元件地址 |
|---|---|---|---|---|---|
| 1 | 启动按钮 SB1（动合触点） | I0.0 | 1 | 左行接触器 KM1 线圈 | Q4.0 |
| 2 | 停止按钮 SB2（动合触点） | I0.1 | 2 | 右行接触器 KM2 线圈 | Q4.1 |
| 3 | 左限位行程开关 SQ1（动合触点） | I0.2 | | | |
| 4 | 右限位行程开关 SQ2（动合触点） | I0.3 | | | |
| 5 | 热继电器 FR（动断触点） | I0.4 | | | |

**步骤 4．接线图**

小车自动往复运动接线如图 7-2 所示。

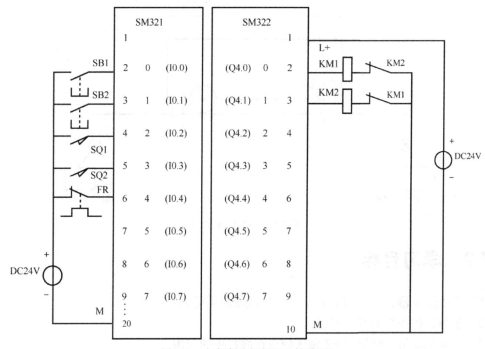

图 7-2　小车自动往复运动接线图

**步骤 5．建立符号表**

小车自动往复运动符号表如图 7-3 所示。

94

图 7-3　小车自动往复运动符号表

### 步骤 6.编写小车控制程序

通过小车往复运动 PLC 等效工作电路图 7-4，理解热继电器 FR 的常闭触点的编程方法。

图 7-4　小车往复运动 PLC 等效工作电路图

用输出线圈编写小车运动程序如图 7-5 所示。

图 7-5　小车运动程序

图 7-5　小车运动程序（续）

**步骤 7. 模拟调试程序**

模拟热继电器 FR 使用常闭触点（动断触点），在仿真器 I0.4 上单击一下，使得 I0.4 为"1"，如图 7-6 所示。

图 7-6　FR 使用常闭触点

模拟启动按钮 SB1 按下（在仿真器 I0.0 上双击），左行 Q4.0 线圈"得电"，仿真器 Q4.0 上显示为"1"，表示小车左行。如图 7-7 所示。

图 7-7　小车左行

　　模拟碰到左限位行程开关 SQ1（动合触点），在仿真器 I0.2 上单击一下，I0.2 为 "1"，I0.2
常闭触点断开，左行 Q4.0 线圈 "失电"，仿真器上 Q4.0 显示为 "0"，自动停止左行。如图 7-8
所示。

图 7-8　自动停止小车左行

　　碰到左限位行程开关 SQ1，在仿真器上 I0.2 为 "1"，I0.2 常开触点闭合，右行 Q4.1 线圈
"得电"，仿真器上 Q4.1 为 "1"，自动启动小车右行。如图 7-9 所示。

图 7-9　自动启动小车右行

　　碰到右限位行程开关 SQ2，在仿真器 I0.3 上单击一下，I0.3 为 "1"，I0.3 常闭触点断开，右
行 Q4.1 线圈 "失电"，Q4.1 为 "0"，自动停止小车右行，如图 7-10 所示。

图 7-10　自动停止小车右行

碰到右限位行程开关 SQ2，在仿真器上 I0.3 为"1"，I0.3 常开触点接通，左行 Q4.0 线圈"得电"，Q4.0 为"1"，自动启动小车左行，如图 7-11 所示。

图 7-11　自动启动小车左行

当小车过载时，模拟热继电器 FR 常闭触点断开（在仿真器 I0.4 上单击一下），仿真器上 I0.4 为"0"， I0.4 常开触点断开，左行 Q4.0 线圈"失电"，仿真器上 Q4.0 为"0"，表示停止小车左行。如图 7-12 所示。

图 7-12　过载停止小车运动

如果满足上述情况，说明仿真调试成功，进入联机调试。如果不满足上述情况，检查原因，修改程序，重新调试，直到仿真调试成功。

**步骤 8.　联机调试（参考项目 5 联机调试）**

确保连线正确的情况下，下载硬件组态和程序等到真实 PLC 中（参见 5.3.6 真实 S7-300 PLC 的 PC 适配器下载）。

按下启动按钮 SB1 后，电动机驱动小车运动，小车运动到极限位置时，由行程开关 SQ1 或 SQ2 检测到并发出停止信号，同时自动发出返回信号。只要不按停止按钮 SB2，小车将继续这种自动往复运动。小车电动机过载时，停止电动机。如果满足要求，调试成功。如果不能满足要求，检查原因，修改程序，重新调试，直到满足要求为止。

# 7.4　项目解决方法拓展

## 1. 用触发器编写小车自动往复运动程序

用触发器编写小车自动往复运动程序，如图 7-13 所示。

图 7-13　小车自动往复运动

## 2. 用置位/复位指令编写小车自动往复运动程序

用置位/复位指令编写小车自动往复运动程序，如图 7-14 所示。

图 7-14　小车自动往复运动

# 巩固练习七

（1）请学习者用变量表和插入垂直变量，调试小车自动往复运动程序。

（2）采用一个按钮控制两台电动机的依次顺序启动，控制要求：按下启动按钮 SB1，第一台电动机 M1 启动，松开按钮 SB1，第二台电动机 M2 启动，这样可使两台电动机按顺序启动，按停止按钮 SB2 时，两台电动机都停止。电动机采用热继电器 FR 作为过载保护，FR 使用常闭触点。

要求：

① 完成输入/输出信号器件分析。

② 完成硬件组态及 I/O 地址分配。

③ 画出接线图。

④ 建立符号表。

⑤ 编写控制程序。

⑥ 调试控制程序。

（3）汽车车库卷帘门自动控制。

某车库自动卷帘门如图 7-15 所示。用 PLC 控制，用钥匙开关选择大门的控制方式，钥匙开关有三个位置，分别是停止、手动、自动。在停止位置时，不能对大门进行控制，在手动位置时，可用按钮进行开门和关门。在自动位置时，可由汽车司机控制，当汽车到达大门前时，由司机发出开门超声波编码，超声波开关收到正确的编码后，输出逻辑 1 信号，通过可编程控制器控制开启大门。如图 7-15 所示。

用光电开关检测车辆的进入，当车辆进入大门过程中，光电开关发出的红外线被挡住，输出逻辑 1。当车辆进入大门后，红外线不受遮挡，输出逻辑 0，此时关闭大门。

图 7-15　汽车车库自动卷帘门示意图

（4）小车五位自动循环往返运行。

用三相异步电动机拖动一辆小车在 A、B、C、D、E 五个位置之间自动循环往返运行，小车初始在 A 点，按下启动按钮，小车依次前进到 B、C、D、E 点，并分别短暂停留后返回到 A 点停止。如图 7-16 所示。

图 7-16　小车五位行程控制示意图

# 项目 8 三相异步电动机星—三角形 降压启动 PLC 控制

## 8.1 项目要求

当按下启动按钮 SB1 后，电源接触器 KM1 线圈和星形接触器 KM2 线圈得电，KM1 和 KM2 的主触点接通，电动机 M 星形降压启动。电动机 M 星形运行 10 秒后，星形接触器 KM2 线圈失电，KM2 的主触点断开，三角形接触器 KM3 线圈得电，KM3 主触点接通，电动机 M 以三角形连接全压运行。当按下停止按钮 SB2 后，电动机 M 停止转动。如果转动的电动机过载，热继电器 FR 常闭触点断开后，电动机 M 因过载保护而停止。如图 8-1 所示。

图 8-1 三相异步电动机星—三角形降压启动 PLC 控制示意图

## 8.2　学习目标

（1）掌握定时器指令应用。

（2）掌握电动机星—三角形降压启动 PLC 控制原理。

（3）巩固 FR（常闭触点）应用。

（4）巩固并提高用仿真软件进行程序调试的能力。

（5）巩固联机调试能力。

## 8.3　相关知识

### 8.3.1　定时器指令

S7-300 有 5 种定时器，每种定时器在梯形图中又有两种表示方法，一种是线圈形式，另一种是功能框形式。

五种定时器分别是：脉冲定时器（SP）、扩展脉冲定时器（SE）、接通延时定时器（SD）、保持型接通延时定时器（SS）、断开延时定时器（SF）。

用户使用的定时器字由表示时间值（0 到 999）的 3 位 BCD 码（第 0 位到第 11 位）和时间基准组成。

时间定时范围：0S 到 2H46M30S（0s～9990s）。

定时器字的第 12 位和第 13 位用来作为时间基准，二进制数 00、01、10 和 11 对应的时间基准分别为 10ms、100ms、1s 和 10s。实际的定时时间等于时间值乘以时间基准值。如图 8-2 所示。

未用　　时间基准　　　　　　BCD码表示的时间值（0到999）

图 8-2　定时器字

定时器预置值的表示方法：在梯形图中使用"S5T#*a*H*b*M*c*S*d*MS"格式的时间值，*a*、*b*、*c*、*d* 分别是小时、分、秒和毫秒的值。也可以以秒为单位输入，例如输入时间预置值"S5T#130S"后按回车键确认，将自动转换成"S5T# 2M10S"。

在学习定时器指令时，重点应放在指令的使用上，还可以按下键盘 F1 按键，通过在线帮助来学习指令应用。有的指令不常用，不熟悉也没有关系，在需要用它们时，可以通过指令的在线帮助来学习。

五种定时器功能框图如图 8-3 所示。

图 8-3　定时器五种功能框图

五种定时器功能框图端子功能如表 8-1 所示。

表 8-1　S5 定时器端子功能

| 参　　数 | 数据类型 | 存　储　区 | 功　能　描　述 |
|---|---|---|---|
| T no | Timer | | 定时器编号 |
| S | BOOL | I、Q、M、L、D | 启动定时器输入 |
| TV | S5TIME | I、Q、M、L、D | 设置定时时间 |
| R | BOOL | I、Q、M、L、D | 复位输入 |
| Q | BOOL | I、Q、M、L、D | 定时器的状态位 |
| BI | WORD | I、Q、M、L、D | 剩余时间值，十六进制整型格式 |
| BCD | WORD | I、Q、M、L、D | 剩余时间值，BCD 格式（S5T#格式） |

五种定时器线圈形式如图 8-4 所示。

| &lt;T编号&gt; | &lt;T编号&gt; | &lt;T编号&gt; | &lt;T编号&gt; | &lt;T编号&gt; |
|---|---|---|---|---|
| ---(SP) | ---(SE) | ---(SD) | ---(SS) | ---(SF) |
| &lt;时间值&gt; | &lt;时间值&gt; | &lt;时间值&gt; | &lt;时间值&gt; | &lt;时间值&gt; |

图 8-4　五种定时器线圈形式

五种定时器线圈形式参数见表 8-2。

表 8-2　五种定时器线圈形式参数

| 参　　数 | 数据类型 | 存　储　区 | 描　　　述 |
|---|---|---|---|
| T 编号 | 定时器 | T | 定时器编号，范围取决于 CPU |
| 时间值 | S5TIME | I、Q、M、L、D、常数 | 预设时间值 |

五种定时器线圈形式的使用：

脉冲定时器 SP 应用：如果 RLO 状态有一个上升沿，则以设定时间值启动指定的定时器。

只要 RLO 保持"1"，定时器就继续运行设定的时间间隔。定时器运行期间，其常开触点闭合，当定时时间到时，其常开触点断开，如果定时器运行时间少于定时器的时间设定值，则当 RLO 由"1"变化到"0"时，定时器的常开触点由接通变为断开。

扩展脉冲定时器 SE 应用：如果 RLO 状态有一个上升沿，将以设定的时间值启动指定的定时器。如果 RLO 变为"0"，定时器仍保持运行，直到达到定时器的设定值时才被复位。在定时器运行期间，定时器常开触点闭合，定时时间到，其常开触点断开。如果在定时器运行期间 RLO 从"0"变为"1"，则将以指定的时间值重新启动定时器（重新触发）。

接通延时定时器 SD 应用：如果 RLO 状态有一个上升沿，则以设定时间值启动指定的定时器。达到设定的时间值后，定时器的常开触点闭合并保持，定时器的常闭触点断开并保持，直到 RLO 变为"0"时，定时器被复位。如果定时器运行时间（RLO 为"1"）少于定时器设定的时间值，则当 RLO 由"1"变化为"0"时定时器也被复位。

保持型接通延迟定时器 SS 应用：如果 RLO 状态有一个上升沿，则以设定的时间值启动指定的定时器，即使 RLO 又变为"0"，定时器仍保持运行。达到设定时间后，定时器的常开触点闭合并保持。如果 RLO 再来一个上升沿，定时器重新启动。只有用复位指令才能使定时器复位。

断开延迟定时器 SF 的应用：如果 RLO 状态有一个下降沿，则以设定的时间值启动指定的定时器。当 RLO 为"1"或定时器运行时，其常开触点闭合，当定时时间到后，常开触点断开。如果定时器运行时间少于定时器的时间设定值，则当 RLO 由"0"变为"1"时，定时器被复位。一直到 RLO 从"1"变为"0"前，定时器不再启动（除非使用了允许定时器再启动的 FR 指令）。

## 8.3.2  接通延时定时器

定时器指令当中常用的是接通延时定时器，所以作为重点学习。

S5 接通延时定时器的使用方法如下：

定时时间未到状态：在仿真器中令 I0.0 为"1"状态，I0.0 常开触点接通，其常开触点使 T0 的 S 端输入接通，T0 开始定时，剩余时间值不断减少，定时时间未到时，T0 的常开触点是原状态（断开），常闭触点是原状态（闭合），如图 8-5 所示。剩余时间值含义：TV 端设定的定时时间减去定时器启动后经过的时间。

定时时间到状态：T0 定时时间到，即减到 0ms 时，其 Q 输出端变为"1"状态，Q4.0 的线圈得电。T0 的常开触点由原状态（断开）变为闭合，常闭触点由原状态（闭合）变为断开。如图 8-6 所示。

定时时间到后，在仿真器中令 I0.0 为"0"状态，I0.0 常开触点断开，Q4.0 的线圈失电。T0 的常开和常闭触点变回到原状态。如图 8-7 所示。

定时时间未到时，使 I0.0 常开触点断开，定时器 Q 端无输出，T0 定时器触点不动作。 再次接通 I0.0 常开触点，定时器重新开始定时。

复位定时器功能：无论 T0 定时时间到或是未到，均使 I0.1 为"1"，执行定时器复位功能，T0 的触点复位成原状态，输出 Q 端为"0"状态，如图 8-8 所示。

图 8-5　定时时间未到状态　　　　图 8-6　定时时间到的状态

图 8-7　定时时间到后使 I0.0 为 0 状态　　图 8-8　复位定时器

综上所述，可以用断开 S 端输入信号和使用复位信号两种方法，使接通延时定时器的输出 Q 端变为 "0" 状态，并且使复位定时器触点为原状态。

接通延时定时器线圈形式如图 8-9 所示。

图 8-9 线圈形式接通延时定时器

接通延时定时器线圈形式应用如图 8-10 所示。

图 8-10 接通延时定时器线圈形式应用

# 8.4 项目解决步骤

**步骤 1．输入/输出信号器件分析**

输入：启动按钮 SB1、停止按钮 SB2、热继电器 FR。

输出：电源接触器 KM1 线圈、星形接触器 KM2 线圈、三角形接触器 KM3 线圈。

**步骤 2．硬件组态（参见项目 3）**

**步骤 3．输入/输出信号器件地址分配（表 8-3）**

表 8-3 输入/输出地址分配表

| 序号 | 输入信号器件名称 | 编程元件地址 | 序号 | 输出信号器件名称 | 编程元件地址 |
|------|------------------|--------------|------|------------------|--------------|
| 1 | 启动按钮 SB1（常开触点） | I0.0 | 1 | 电源接触器 KM1 线圈 | Q4.0 |
| 2 | 停止按钮 SB2（常开触点） | I0.1 | 2 | 星形接触器 KM2 线圈 | Q4.1 |
| 3 | 热继电器 FR（常闭触点） | I0.2 | 3 | 三角形接触器 KM3 线圈 | Q4.2 |

### 步骤 4．接线图

三相异步电动机星—三角形降压启动 PLC 控制接线图如图 8-11 所示。

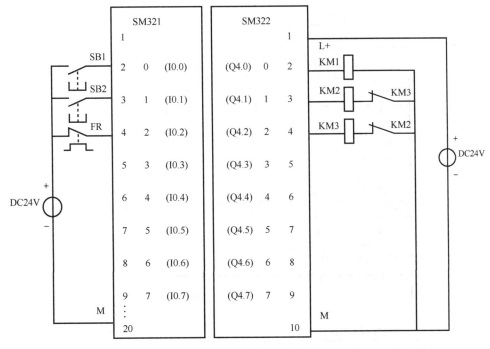

图 8-11　三相异步电动机星—三角形降压启动 PLC 控制接线图

### 步骤 5．建立符号表

三相异步电动机星—三角形降压启动 PLC 控制符号表如图 8-12 所示。

| 符号 | 地址 | | 数据类型 | 注释 |
|---|---|---|---|---|
| FR(常闭) | I | 0.2 | BOOL | |
| 启动按钮SB1（常开） | I | 0.0 | BOOL | |
| 停止按钮SB2（常开） | I | 0.1 | BOOL | |
| 电源接触器KM1线圈 | Q | 4.0 | BOOL | |
| 星形接触器KM2线圈 | Q | 4.1 | BOOL | |
| 三角形接触器KM3线圈 | Q | 4.2 | BOOL | |

图 8-12　三相异步电动机星—三角形降压启动 PLC 控制符号表

### 步骤 6．编写三相异步电动机星—三角形降压启动 PLC 控制程序

用输出线圈编写程序如图 8-13 所示。

### 步骤 7．仿真调试程序

用符号地址 PLCSIM 调试，模拟热继电器 FR 是常闭触点，在仿真器 I0.2 上单击一下，I0.2 为 "1"。模拟按下启动按钮 SB1，在仿真器 I0.0 上双击，仿真器 Q4.0 和 Q4.1 显示为 "1"，表示电动机星形启动。如图 8-14 所示。

用输出线圈编写星—三角程序讲解

T0 定时器 10 秒定时到，Q4.1 为 "0"，Q4.0 和 Q4.2 为 "1"，表示自动切换到三角形全压运行，如图 8-15 所示。

图 8-13　星—三角形降压启动程序

模拟按下停止按钮 SB2，在仿真器 I0.1 上双击，Q4.0 和 Q4.2 为 "0"，表示电动机停止。如图 8-16 所示。

图 8-14　电动机星形启动

图 8-15　三角形全压运行

图 8-16　电动机停止

模拟过载，当电动机在星形启动或三角形运行时，在仿真器 I0.2 上单击一下，I0.2 为"0"，电动机停止。如图 8-17 所示。

如果满足上述情况，说明仿真调试成功，进入联机调试。如果不满足上述情况，检查原因，修改程序，重新调试，直到仿真调试成功。

图 8-17　模拟过载调试

**步骤 8. 联机调试（参考项目 5 联机调试）**

确保连线正确的情况下，下载硬件组态和程序等到真实 PLC 中（参见 5.3.6 真实 S7-300 PLC 适配器下载）。

当按下启动按钮 SB1 后，电动机 M 星形降压启动，运行 10 秒后，以三角形连接全压运行。按下停止按钮 SB2 后，电动机 M 停止转动。如果电动机转动时过载，热继电器触点 FR

（常闭触点）断开，电动机 M 因过载保护而停止。满足要求，调试成功。如果不能满足要求，检查原因，修改程序，重新调试，直到满足要求为止。

## 8.5　项目解决方法拓展

用触发器编写星—三角形降压启动 PLC 控制程序如图 8-18 所示。

图 8-18　星—三角形降压启动 PLC 控制程序

图 8-18　星—三角形降压启动 PLC 控制程序（续）

# 巩固练习八

（1）彩灯循环闪烁。实现一个可控制 16 盏彩灯按照 2 种不同的闪烁方式循环闪烁的控制系统。

闪烁方式 1：要求按下按钮 SB1 使得 16 盏彩灯按照 HL1～HL16 的顺序亮灭，移到最高位 HL16 以后，再回到 HL1，重复循环下去。彩灯移动的时间间隔为 2 秒钟。按下停止按钮 SB2 后，彩灯熄灭，停止工作。

闪烁方式 2：要求按下按钮 SB1 使得 16 盏彩灯按照 HL1～HL16 的顺序亮灭，移到最高位 HL16 以后，再按 HL16～HL1 的顺序亮灭，如此反复循环下去。按下停止按钮 SB2 后，彩灯熄灭，停止工作。

要求：

① 完成输入/输出信号器件分析。

② 完成硬件组态及 I/O 地址分配。

③ 画出接线图。

④ 建立符号表。

⑤ 编写控制程序。

⑥ 调试控制程序。

（2）预警启动。为了保证运行安全，许多大型生产机械在启动之前用电铃或蜂鸣器发出报警信号，预示机器即将启动，警告人们迅速退出危险地段。控制任务：按下启动按钮，电铃响 5 秒，然后电动机自动启动，按下停止按钮，电动机停止。

（3）试完成 1 台交流鼠笼式电动机的 Y-△降压启动的 PLC 控制。控制任务：

① 按下启动按钮 SB1，接通电源接触器 KM1 和 Y 接触器 KM2，电动机 Y 降压启动。

② 启动时间为 7 秒，7 秒后断开电源接触器 KM1 和 Y 接触器 KM2。

③ 再经过 0.5 秒，接通电源接触器 KM1 和△接触器 KM3，电动机全压运行。

④ 按停止按钮 SB2，电动机停车。

⑤ 采用热继电器 FR 的常闭点进行过载保护。

（4）自动运料小车控制系统设计。小车由电动机驱动，电动机正转时小车左行，反转时右行，初始时，小车停在最左端，左限位开关 SQ1 压合。

按下启动按钮，小车开始装料，10 秒后装料结束，小车前进至右端，压合右限位开关 SQ2，小车开始卸料。

10 秒后卸料结束，小车后退至左端，压合 SQ1，小车开始装料，重复上述过程，直到按下停止按钮，在当前循环完成后，小车停于初始位置。小车具有过载保护。如图 8-19 所示。

图 8-19　自动运料小车示意图

# 项目 9　四节传送带 PLC 控制

## 9.1　项目要求

有一个由四节传送带组成的自动化传送系统，分别用四台电动机带动，每台电动机均有过载保护。项目要求如下：

（1）按下启动按钮 SB1，启动时首先启动最末一节传送带电动机 M4，经过 4 秒延时，再启动电动机 M3，再过 4 秒后，启动电动机 M2，再过 4 秒后启动电动机 M1，这种启动方式叫"逆序启动"。

（2）按下停止按钮 SB2，先停止最前一节传送带电动机 M1，待物料运送完毕后再停止传送带电动机 M2。这里为调试方便设定物料运送完毕时间为 2 秒，实际应用时可自行更改。再过 2 秒后停止 M3，再过 2 秒后停止 M4，这种停止方式叫"顺序停止"。

（3）当某节传送带电动机发生过载时，该电动机及其前面的电动机立即停止，而该电动机以后的电动机待运完物料后才停止。例如 M2 过载，M1、M2 立即停，经过 2 秒延时后，M3 停，再过 2 秒，M4 停。

四节传送带的项目要求示意图如图 9-1 所示。

图 9-1　四节传送带示意图

## 9.2　学习目标

（1）理解传送带逆序启动与顺序停止原理。

（2）灵活使用定时器并理解梯形图与继电接触器控制电路的异同。

（3）掌握位存储器应用。

（4）掌握顺序控制编程思路。

（5）提高编程与调试程序能力。

## 9.3　相关知识：梯形图与继电接触器控制电路的比较

（1）梯形图中大都沿用继电接触器控制电路元件名称。

（2）组成器件不同，继电接触器控制电路由真正的继电器组成，梯形图由所谓"软继电器"组成。

（3）触点数量不同，继电接触器控制电路中的继电器触点为有限个，梯形图中，"软继电器"触点数是任意多个，而且不会磨损，因此，梯形图设计中，不需要考虑触点数量，这给设计者带来很大方便。

（4）编程方式不同，继电接触器控制电路中，其程序已包含在电路中，功能专一、不灵活；而梯形图的设计和编程灵活多变。

（5）电气控制电路左右母线为电源线，中间各支路都加有电压，当支路接通时，有电流流过支路上的触点与线圈。而梯形图的左右母线是一种界限线，并未加电压，梯形图中的支路（逻辑行）接通时，并没有电流流动，而只有所谓的"能流"流过，这是一种为了分析方便而定义的假想电流。梯形图中的假想电流在图中只能进行单方向的流动，即只能从左向右流动。

（6）继电接触器电路中各支路是同时加上电压并行工作的，各继电器该吸合的都应吸合，不该吸合的继电器都因条件限制不能吸合。而 PLC 是采用循环扫描方式工作的，梯形图中各元件是按扫描顺序依次执行的，是一种串行处理方式。由于扫描时间很短（一般不过几十毫秒），所以控制效果同电气控制电路是基本相同的。但在设计梯形图时，对这种并行处理与串行处理的差别有时应予以注意，特别是那些在程序执行阶段还要随时对输入、输出状态存储器进行刷新操作的 PLC，不要因为对串行处理这一特点考虑不够而引起偶然的误操作。

## 9.4　项目解决步骤

**步骤 1. 输入/输出信号器件分析**

输入：启动按钮 SB1（常开触点）；停止按钮 SB2（常开触点）；M1 过载热继电器 FR1（常闭触点）；M2 过载热继电器 FR2（常闭触点）；M3 过载热继电器 FR3（常闭触点）；M4 过载热继电器 FR4（常闭触点）。

输出：M1 接触器 KM1 线圈；M2 接触器 KM2 线圈；M3 接触器 KM3 线圈；M4 接触器 KM4 线圈。

**步骤 2. 硬件组态（参见项目 3）**

**步骤 3. 输入/输出地址分配（表 9-1）**

表 9-1　输入/输出地址分配表

| 序号 | 输入信号器件名称 | 编程元件地址 | 序号 | 输出信号器件名称 | 编程元件地址 |
|---|---|---|---|---|---|
| 1 | 启动按钮 SB1（常开触点） | I0.0 | 1 | M1 接触器 KM1 线圈 | Q4.1 |
| 2 | 停止按钮 SB2（常开触点） | I0.5 | 2 | M2 接触器 KM2 线圈 | Q4.2 |
| 3 | M1 过载热继电器 FR1（常闭触点） | I0.1 | 3 | M3 接触器 KM3 线圈 | Q4.3 |
| 4 | M2 过载热继电器 FR2（常闭触点） | I0.2 | 4 | M4 接触器 KM4 线圈 | Q4.4 |
| 5 | M3 过载热继电器 FR3（常闭触点） | I0.3 | | | |
| 6 | M4 过载热继电器 FR4（常闭触点） | I0.4 | | | |

### 步骤 4. 接线图

四节传送带 PLC 控制接线图如图 9-2 所示。

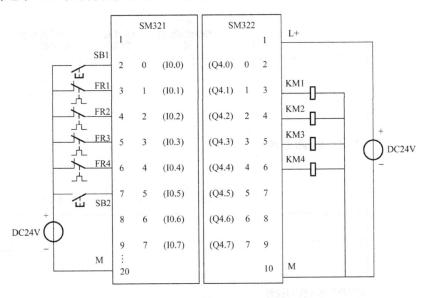

图 9-2　四节传送带 PLC 控制接线图

### 步骤 5. 建立符号表

四节传送带符号表如图 9-3 所示。

图 9-3　四节传送带符号表

四节传送带程序讲解

### 步骤 6. 根据任务编写程序

四节传送带程序如图 9-4 所示。

程序段1：电动机M4控制

```
I0.0                                   I0.4          Q4.4
"启动SB1（      T6              "M4过载FR4      "M4接触器
常开）"       ─┤/├─          （常闭）"       KM4线圈"
─┤ ├─────────────────────────┤ ├──────────( )─
                                                      T1
Q4.4                                             ─(SD)─
"M4接触器                                        S5T#4S
KM4线圈"
─┤ ├─
```

程序段2：电动机M3控制

```
                            I0.3          I0.4          Q4.3
                      "M3过载FR3      "M4过载FR4      "M3接触器
T1          T5         （常闭）"     （常闭）"       KM3线圈"
─┤ ├──────┤/├──────────┤ ├──────────┤ ├──────────( )─
                                                      T2
                                                 ─(SD)─
                                                 S5T#4S
```

程序段3：电动机M2控制

```
                    I0.2          I0.3          I0.4          Q4.2
              "M2过载FR2      "M3过载FR3      "M4过载FR4      "M2接触器
T2      T4     （常闭）"     （常闭）"     （常闭）"       KM2线圈"
─┤ ├──┤/├──────┤ ├──────────┤ ├──────────┤ ├──────────( )─
                                                              T3
                                                         ─(SD)─
                                                         S5T#4S
```

程序段4：电动机M1控制

```
                    I0.2          I0.3          I0.4          Q4.1
              "M2过载FR2      "M3过载FR3      "M4过载FR4      "M1接触器
T3      M1.0   （常闭）"     （常闭）"     （常闭）"       KM1线圈"
─┤ ├──┤/├──────┤ ├──────────┤ ├──────────┤ ├──────────( )─
```

程序段5：停止控制

```
I0.5                      I0.0
"停止SB2（            "启动SB1（
常开）"               常开）"        T6          M1.0
─┤ ├──────────────┬──────┤/├────────┤/├────────( )─
                  │
M1.0              │
─┤ ├──────────────┤
                  │
I0.1              │
"M1过载FR1         │
（常闭）"     M5.1 │
─┤/├────────(P)───┘
```

图 9-4　四节传送带程序

程序段6:

```
     M1.0                                    T4
   ──┤├──────────────────────────────────（SD）──┤
                                          S5T#2S
```

程序段7:

```
      T4                                     T5
   ──┤├─────┬────────────────────────────（SD）──┤
            │                             S5T#2S
     I0.2   │
   "M2过载FR2│
    （常闭）"│
   ──┤/├─────┘
```

程序段8:

```
      T5                                     T6
   ──┤├─────┬────────────────────────────（SD）──┤
            │                             S5T#2S
     I0.3   │
   "M3过载FR3│
    （常闭）"│
   ──┤/├─────┘
```

图 9-4　四节传送带程序（续）

### 步骤 7．仿真器调试程序

模拟过载保护的热继电器 FR 使用的是常闭点，在仿真器 I0.1、I0.2、I0.3 和 I0.4 上分别单击一下，使 I0.1、I0.2、I0.3 和 I0.4 都为 "1"。模拟启动按钮 SB1 按下，在仿真器 I0.0 上双击，Q4.4 显示为 "1"，表示第四节传送带电动机 M4 启动，如图 9-5 所示。其他依次为 M3、M2 和 M1 启动。

图 9-5　第四节传送带启动

模拟传送带电动机 M2 过载，在仿真器 I0.2 上再单击一下，使得 I0.2 为 "0"，显示 Q4.1

和 Q4.2 为"0"，表示 M1 和 M2 电动机停止，如图 9-6 所示。然后依次为 M3 停止，M4 停止。

图 9-6 传送带电动机 M2 过载

模拟传送带电动机 M3 过载，在仿真器 I0.3 上再单击一下，使得 I0.3 为"0"，显示 Q4.3、Q4.2 和 Q4.1 为"0"，表示 M3、M2 和 M1 电动机停止，如图 9-7 所示。2 秒后，M4 停止。

图 9-7 传送带电动机 M3 过载

模拟 M1 过载，在仿真器 I0.1 上单击一下，使得 I0.1 为"0"，显示 Q4.1 为"0"，M1 停止，2s 后 Q4.2 为"0"，M2 停止，2s 后 Q4.3 为"0"，M3 停止，2s 后 Q4.4 为"0"，M4 停止。

模拟 M4 过载，在仿真器 I0.4 上单击一下，使得 I0.4 为"0"，显示 Q4.4、Q4.3、Q4.2 和 Q4.1 全为"0"，表示 M4、M3、M2 和 M1 全部停止。

如果满足上述情况，说明仿真调试成功，进入下一步联机调试。如果不满足上述情况，检查原因，修改程序，重新调试，直到仿真调试成功。

**步骤 8. 联机调试（参考项目 5 联机调试）**

确保连线正确的情况下，下载硬件组态和程序等到真实 PLC 中（参见 5.3.6 真实 S7-300 PLC 的 PC 适配器下载）。

（1）按下启动按钮 SB1，启动时首先启动最末一节传送带电动机 M4，经过 4 秒延时，再启动电动机 M3，再过 4 秒后，启动电动机 M2，再过 4 秒后启动电动机 M1。

（2）按下停止按钮 SB2，先停止最前一节传送带电动机 M1，待物料运送完毕后再停止传送带电动机 M2。这里为调试方便设定物料运送完毕时间为 2 秒，再过 2 秒后停止 M3，再过 2 秒后停止 M4。

（3）当某节传送带电动机发生过载时，该电动机及其前面的电动机立即停止，而该电动机以后的电动机待运完物料后才停止。

满足上述要求，调试成功。如果不能满足要求，检查原因，修改程序，重新调试，直到满足要求为止。

# 巩固练习九

（1）自动供料装车控制系统。控制要求：

① 系统由料斗、传送带、检测系统组成。能自动识别货车到位情况及对货车进行自动供料，当车装满时，供料系统自动停止供料。料斗物料不足时停止供料并自动给料斗进料。

② 按下启动按钮表明允许汽车开进装料。若料斗的物料检测传感器 SL2 为 OFF（料斗中的物料不满），进料阀开启进料。当 SL1 为 ON（料斗中的物料已满），则进料阀关闭进料。

③ 当汽车开进装车位置时，限位开关 SQ 为 ON，绿色信号灯 HL1 灭，红色信号灯 HL2 亮；依次启动传送带电动机 M4、M3、M2、M1（逆序启动），全部启动完成后，经过 1 秒后打开出料阀，物料经料斗出料落到传送带上。每台电动机有过载保护。

④ 当车装满时，压力传感器为 ON，料斗出料口关闭，1 秒后 M1、M2、M3、M4 依次停止（顺序停止），绿色信号灯 HL1 亮，红色信号灯 HL2 灭；表明汽车可以开走。

⑤ 按下停止按钮，自动供料装车的整个系统停止运行。

自动供料装车控制系统示意如图 9-8 所示。

要求：

① 完成输入/输出信号器件分析。

② 完成硬件组态及 I/O 地址分配。

③ 画出接线图。

④ 建立符号表。

⑤ 编写控制程序。

⑥ 调试控制程序。

（2）材料分拣。本套材料分拣设备可以分拣铁、铝、黄色非金属材料，剩余其他材料单独存放。并有传送带跑偏检测及报警。

① 接通电源，按下启动开关，传送带开始运行。

② 系统启动后，人工将待测物体放到下料槽，下料槽中的物体被推到传送带上，传送带压力传感器检测到压力后，待测物体开始在传送带上运行。

③ 当铁检测传感器检测到铁材料时，铁出料气缸动作，将待测物体推下。

④ 当铝检测传感器检测到铝材料时，铝出料气缸动作，将待测物体推下。

⑤ 当颜色检测传感器检测到非金属材料为黄色时，颜色出料气缸动作，将待测物体推下。

⑥ 剩余材料被送到最后一个出料气缸位置时，气缸动作，将待测物体推下。

⑦ 下料槽无料时，传送带无料，压力传感器检测不到压力，须继续运行一个行程（10 秒）后自动停机。

⑧ 传送带两侧安装有光电检测系统，如果传送带跑偏，光电检测系统检测到后停止传送带运转，并且报警灯亮，报警声响起，问题解决后，按下启动按钮开始重新启动。

图 9-8　自动供料装车控制系统示意图

（3）PLC 控制多条传送带接力传送。

一组传送带由三条传送带连接而成，用于传送有一定长度的金属板。为了避免传送带上没有金属板时空转，在每条传送带末端安装一个金属传感器用于检测金属板，以保证传送带只有检测到金属板时才启动，当金属板离开传送带时停止。传送带用三相异步电动机驱动。

当工人在传送带 1 首端放一块金属板时，按下启动按钮，则传送带 1 首先启动，当金属板的前端到达传送带 1 末端时，金属传感器 1 动作，启动传送带 2，当金属板的末端离开金属传感器 1 时，传送带 1 停止。当金属板的前端到达金属传感器 2 时，启动传送带 3，当金属板的末端离开金属传感器 2 时，传送带 2 停止。最后当金属板的末端离开金属传感器 3 时，传送带 3 停止。如图 9-8 所示。

图 9-9　多条传送带接力传送示意图

（4）设计一个 PLC 控制锅炉上煤系统。控制任务：

① 当按下系统启动按钮 SB1 时，提醒铃 HA 响，提醒人员离开，铃响 9 秒后，绿灯 HL 开始亮，亮 8 秒后，系统开始正常运行，2 号皮带运输机启动，3 秒后，破碎机启动，3 秒后，筛煤机启动，3 秒后，1 号皮带运输机启动，3 秒后，料斗出料电磁阀启动。

② 若系统正常停止运行时按下停止按钮 SB2，则料斗出料电磁阀停止，4 秒后，1 号皮带运输机停止，4 秒后，筛煤机停止，4 秒后，破碎机停止，4 秒后，2 号皮带运输机停止。

③ 若在运行过程中 2 号皮带运输机和 1 号皮带运输机中任何一个发生过载，整个系统立即停止。

（5）PLC 控制零件传送系统。由四条传送带组成的零件传送系统，控制任务：

按下启动按钮，启动传送带 1，每 15 秒向传送带 1 提供一个零件。当有零件经过接近开关 1 时，启动传送带 2。零件经过接近开关 2 时，启动传送带 3，零件经过接近开关 3 时，启动传送带 4。如果接近开关 1、接近开关 2 和接近开关 3 在传送带上连续 60 秒未检测到零件，则视为故障，并执行闪烁报警。如果接近开关 1 在 100 秒内未检测到零件则停止全部传送带的运行。

按下正常停止按钮，停止全部传送带的运行。

# 项目 10　液体混合 PLC 控制

## 10.1　项目要求

本装置为两种液体混合的模拟装置，SL1、SL2、SL3 为液面传感器，液体 A 阀门、液体 B 阀门与混合液阀门分别由电磁阀 YV1、YV2、YV3 控制，M 为搅匀电动机，液体混合控制的示意图如图 10-1 所示。项目要求如下：

（1）初始状态：装置投入运行时，容器空，液体 A 阀门、液体 B 阀门与混合液阀门关闭。

（2）按下启动按钮 SB1，装置就开始按下列约定的规律运行：液体 A 阀门打开，液体 A 流入容器。当液面淹没 SL2 时，SL2 接通，关闭液体 A 阀门，打开液体 B 阀门。液面淹没 SL1 时，关闭液体 B 阀门，搅匀电动机开始搅匀。搅匀电动机工作 6 秒后停止搅动，混合液阀门打开，开始放出混合液体。当液面下降到 SL3 时，SL3 由接通变为断开，再过 2 秒后，容器液体放空，混合液阀门关闭，开始下一周期。

图 10-1　液体混合控制示意图

（3）停止操作：按下停止按钮 SB2 后，只有在当前的混合液排放完毕后，才停止工作。停在初始状态上。

（4）紧急停止操作：当遇到紧急情况时，按下紧急停止按钮 SB3，系统停止工作。

（5）液体未淹没 SL1、SL2、SL3 时，传感器是断开状态，液体淹没传感器时，传感器是闭合状态。

## 10.2　学习目标

（1）掌握液体混合的原理。
（2）进一步巩固跳变沿指令的应用。
（3）巩固定时器指令和位存储器的应用。
（4）掌握不带参数 FC 分部式编程。
（5）提高编程与调试能力。

## 10.3　项目解决步骤

**步骤 1. 输入/输出信号器件分析**

输入：启动按钮 SB1（常开触点）；停止按钮 SB2（常开触点）；液面传感器 SL1（常开触点）；液面传感器 SL2（常开触点）；液面传感器 SL3（常开触点）；紧急停止按钮 SB3（常闭触点）；输出：液体 A 电磁阀 YV1 线圈；液体 B 电磁阀 YV2 线圈；混合液电磁阀 YV3 线圈；搅匀电动机接触器 KM 线圈。

**步骤 2. 硬件组态（参见项目 3）**

**步骤 3. 输入信号/输出地址分配**

输入/输出地址分配见表 10-1。

表 10-1　输入/输出地址分配表

| 序　号 | 输入信号器件名称 | 编程元件地址 | 序　号 | 输出信号器件名称 | 编程元件地址 |
|---|---|---|---|---|---|
| 1 | 启动按钮 SB1（常开触点） | I0.0 | 1 | 搅匀电动机接触器 KM 线圈 | Q4.0 |
| 2 | 停止按钮 SB2（常开触点） | I0.4 | 2 | 液体 A 电磁阀 YV1 线圈 | Q4.1 |
| 3 | 液面传感器 SL1（常开触点） | I0.1 | 3 | 液体 B 电磁阀 YV2 线圈 | Q4.2 |
| 4 | 液面传感器 SL2（常开触点） | I0.2 | 4 | 混合液电磁阀 YV3 线圈 | Q4.3 |
| 5 | 液面传感器 SL3（常开触点） | I0.3 | | | |
| 6 | 紧急停止按钮 SB3（常闭触点） | I0.5 | | | |

**步骤 4. 接线图**

液体混合控制
程序讲解

液体混合 PLC 控制接线如图 10-2 所示。

**步骤 5. 建立符号表**

液体混合 PLC 控制的符号表如图 10-3 所示。

**步骤 6. 编写液体混合控制程序**

根据项目要求及地址，液体混合控制程序如图 10-4 所示。

图 10-2　液体混合控制接线图

图 10-3　液体混合控制的符号表

程序段1：

复位M0.5，启动自动循环

```
       I0.0
      "启动按钮
       SB1"                              M0.5
      ─┤├─────────────────────────────( R )─
```

程序段2：

通过置位M0.5，完成当前周期结束后停止循环

```
       I0.4
      "停止按钮
       SB2"                              M0.5
      ─┤├─────────────────────────────( S )─
```

图 10-4　液体混合控制程序

程序段3:

> 按下启动按钮SB1，I0.0常开触点接通，Q4.1线圈接通，接通A阀YV1线圈。T1常开触点接
> 通，M0.5复位，可以自动接通A阀YV1线圈。

```
  I0.0                          I0.2          I0.5          Q4.1
"启动按钮                      "传感器       "急停按钮      "A阀
 SB1"                          SL2"          SB3"          YV1"
──┤ ├──┬──────────────────────┤/├──────────┤ ├──────────( )──
  Q4.1 │
  "A阀 │
  YV1" │
──┤ ├──┤
       │
  T1   │  M0.5
──┤ ├──┴──┤/├
```

程序段4:

> 传感器SL2常开触点闭合，I0.2常开触点接通，Q4.2线圈接通，接通B阀YV2线圈。

```
  I0.2                    I0.1          I0.5          Q4.2
"传感器                  "传感器       "急停按钮      "B阀
 SL2"      M8.0          SL1"          SB3"          YV2"
──┤ ├──────(P)──────────┤/├──────────┤ ├──────────( )──
  Q4.2
  "B阀
  YV2"
──┤ ├──
```

程序段5:

> Q4.0常开触点接通，启动接通延时定时器T0。

```
  Q4.0
"电动机接触
 器KM线圈"                        T0
──┤ ├────────────────────────────(SD)──
                                S5T#6S
```

程序段6:

> 传感器SL1常开触点闭合，I0.1常开触点接通，接通Q4.0线圈，启动电动机。

```
  I0.1                            I0.5          Q4.0
"传感器                          "急停按钮      "电动机接触
 SL1"      M8.1      T0          SB3"          器KM线圈"
──┤ ├──────(P)──────┤/├──────────┤ ├──────────( )──
  Q4.0
"电动机接触
 器KM线圈"
──┤ ├──
```

图 10-4   液体混合控制程序（续）

程序段7:

T0定时时间到，T0常开触点接通，接通Q4.3线圈，接通混合液阀YV3线圈，混合液体排出。

```
         T0        T1    I0.5          Q4.3
                         "急停按钮     "混合液阀
                          SB3"          YV3"
        ─┤ ├──┬──┤/├────┤ ├──────────( )──
         Q4.3  │
        "混合液阀│
        门YV3" │
        ─┤ ├──┘
```

程序段8:

混合液面降至SL3下，SL3触点断开，I0.3常开触点由接通变为断开，RLO产生下降沿，执行负跳沿检测指令，接通M10.0线圈。

```
   I0.3                              I0.0
  "传感器                           "启动按钮
   SL3"      M9.0    T1              SB1"      M10.0
  ─┤ ├──┬──(N)────┤/├──────────────┤ ├──────( )──
   M10.0 │
  ─┤ ├──┘
```

程序段9:

T1定时混合液排空时间

```
   M10.0                             T1
  ─┤ ├─────────────────────────────(SD)──
                                   S5T#2S
```

图 10-4　液体混合控制程序（续）

### 步骤 7. 在 PLCSIM 仿真器中使用符号地址调试程序

模拟紧急停止按钮是常闭触点，在仿真器 I0.5 上单击一下，I0.5 为"1"。模拟按下启动按钮 SB1（在仿真器 I0.0 上双击），液体混合程序执行后，显示 Q4.1 为"1"，表示 A 阀门打开，液体 A 流入容器。如图 10-5 所示。

图 10-5　A 阀门打开

128

模拟容器内液体淹没 SL3，在仿真器 I0.3 上单击一下（I0.3 为"1"）。然后模拟液体淹没 SL2，在仿真器 I0.2 上单击一下（I0.2 为"1"）。在仿真器 Q4.2 上显示为"1"，表示 B 阀门打开，流入液体 B。如图 10-6 所示。

图 10-6　B 阀门打开

模拟容器内液体淹没 SL1，在仿真器 I0.1 上单击一下（I0.1 为"1"），执行程序后，显示 Q4.0 为"1"，表示搅拌电动机转动。如图 10-7 所示。

图 10-7　搅拌电动机转动

搅拌时间是 6 秒钟，然后仿真器显示 Q4.0 为"0"，表示时间到，停止搅拌。仿真器显示 Q4.3 为"1"，表示打开混合液阀门。如图 10-8 所示。

图 10-8　打开混合液阀门

液面降到 SL3 以下时，SL3 由接通变为断开，再过 2 秒后，仿真器显示 Q4.3 为 "0"，表示混合液阀门关闭。Q4.1 显示为 "1"，表示自动打开 A 阀门，放入 A 液体，见图 10-9。重复上述过程。

图 10-9　自动打开 A 阀门

模拟在正常情况下按下停止按钮 SB2 后，在当前混合液排放完毕后停止工作。

模拟液体混合过程中按下紧急停止按钮 SB3，在仿真器 I0.5 上单击一下，I0.5 为 "0"，Q4.1、Q4.2、Q4.3 和 Q4.0 显示全部为 "0"。表示阀门都关闭和电动机停止。如图 10-10 所示。

图 10-10　全部停止

如果满足上述情况，说明仿真调试成功，进入联机调试。如果不满足上述情况，检查原因，修改程序，重新调试，直到仿真调试成功。

**步骤 8．联机调试**

确保连线正确的情况下，下载硬件组态和程序等到真实 PLC 中（参见 5.3.6 真实 S7-300 PLC 的适配器下载），然后按下面要求调试。

（1）按下启动按钮 SB1，装置就开始按下列约定的规律运行：液体 A 阀门打开，液体 A 流入容器。当液面淹没 SL2 时，SL2 接通，关闭液体 A 阀门，打开液体 B 阀门。液面淹没 SL1 时，关闭液体 B 阀门，搅匀电动机开始搅匀。搅匀电动机工作 6 秒后停止搅动，混合液体阀门打开，开始放出混合液体。当液面降到 SL3 以下时，SL3 由接通变为断开，再过 2 秒后，容器液体放空，混合液阀门关闭，开始下一周期。

（2）按下停止按钮 SB2 后，只有在当前的混合液排放完毕后，才停止工作。停在初始状态上。

（3）紧急停止操作：当遇到紧急情况时，按下紧急停止按钮 SB3，系统停止工作。

满足上述要求，调试成功。如果不能满足要求，检查原因，修改程序，重新调试，直到满足要求为止。

## 10.4　知识拓展——不带参数功能 FC 的应用（分部式编程）

所谓不带参数功能 FC，是指在编辑功能 FC 时，在局部变量声明表中不进行形式参数的定义，在功能 FC 中直接使用直接寻址完成控制程序的编程。这种方式一般应用于分部式结构的程序编写，每个功能 FC 实现整个控制任务的一部分，不重复调用。用不带参数功能 FC 进行编程，方便实现程序设计。

液体混合 PLC 控制任务：

将项目 10 任务要求视为自动控制，增加手动控制，四个手动开关分别可以打开与关闭液体 A 电磁阀、液体 B 电磁阀、混合液电磁阀及启动与停止电动机。通过切换开关来完成手动控制与自动控制切换。

首先插入功能 FC1、FC2，方法如图 10-11 所示。

图 10-11　插入功能

在 FC1 上右键单击，单击对象属性，在符号名右侧输入"手动"。如图 10-12 所示。

图 10-12　FC1 符号名

131

在 OB1 中双击左侧 FC 块中的 FC1 和 FC2，将其写入程序段中，如图 10-13 所示。

分别对每个功能 FC 进行编程，进入功能的方法：鼠标右键在 FC1 上单击，下拉菜单中，左键单击"被调用块"，然后单击"打开"，可以进行手动子程序的编辑。如图 10-14 所示。

图 10-13　OB1 主程序

图 10-14　进入功能 FC1

FC1"手动"子程序如图 10-15 所示。

FC1：手动状态
程序段1：

```
       I0.6                                           Q4.1
      "手动                                          "A阀YV1"
    A阀开关"
 ─────┤ ├─────                                       ─( )─
```

程序段2：

```
       I0.7                                           Q4.2
      "手动                                          "B阀YV2"
    B阀开关"
 ─────┤ ├─────                                       ─( )─
```

程序段3：

```
       I1.0                                           Q4.3
      "手动                                         "混合液阀
    混合液开关"                                        YV3"
 ─────┤ ├─────                                       ─( )─
```

程序段4：电动机接触器

```
       I1.1                                           Q4.0
      "手动                                        "电动机接触器
    电动机开关"                                      KM线圈"
 ─────┤ ├─────                                       ─( )─
```

图 10-15　FC1 手动子程序

FC2 自动子程序就是项目 10 中图 10-4 所示液体混合控制程序。

# 巩固练习十

### 1. 水塔水位 PLC 控制

在自动状态下：当水池水位低于低水位界（SL4 为 OFF），阀 YV 打开进水，定时器开始定时，4 秒后，如果 SL4 还不为 ON，那么阀 YV 指示灯闪烁，表示水池没有进水，出现故障。SL3 为 ON 后，阀 YV 关闭。当 SL4 为 ON 时，且水塔水位低于低水位界 SL2 时，水泵运转抽水。当水塔水位高于高水位界 SL1 时水泵停止。

在手动状态下：手动启动与停止水泵，手动打开与关闭阀 YV。

水塔水位控制示意图如图 10-16 所示。

图 10-16　水塔水位示意图

SL1 表示水塔的水位上限，SL2 表示水塔水位下限，SL3 表示水池水位上限，SL4 表示水池水位下限，水淹没 SL1、SL2、SL3、SL4 时，传感器为 ON，传感器露出液面时为 OFF。

要求：

（1）完成输入/输出信号器件分析。

（2）完成硬件组态及 I/O 地址分配。

（3）建立符号表。

（4）采用分部式编程来编写程序。

（5）调试程序。

### 2. 自动门控制装置

自动门控制装置由门内光电探测开关 PS1、门外光电探测开关 PS2、开门到位限位开关 PS3、关门到位限位开关 PS4、电动机开门接触器 KM1、电动机关门接触器 KM2 等部件组成。

自动控制要求：

当有人由内到外或由外到内通过光电检测开关 PS1 或 PS2 时，电动机开门接触器 KM1 线圈得电，电动机正转，到达开门限位开关 PS3 位置时，电动机停止运行。

自动门在开门位置停留 8 秒后，自动进入关门过程，电动机关门接触器 KM2 线圈得电，电动机反转，当门移动到关门限位开关 PS4 位置时，电动机停止运行。

在关门过程中，当有人员由外到内或由内到外通过光电检测开关 PS2 或 PS1 时，应立即停止关门，并自动进入开门程序。

在门打开到位后的 8 秒等待时间内，若有人员由外至内或由内至外通过光电检测开关 PS2 或 PS1 时，必须重新开始 8 秒计时，再自动进入关门过程，以保证人员安全通过。

手动控制要求：手动点动控制开门与关门。

### 3．天塔之光 PLC 控制

有彩灯 HL1～HL9，共九盏灯，如图 10-17 所示，切换开关在自动状态下，中间彩灯 HL1 亮 1 秒后灭，随后次外环彩灯 HL2、HL3、HL4、HL5 亮 1 秒后灭，接着最外环彩灯 HL6、HL7、HL8、HL9 亮 1 秒后灭，然后返回到中间彩灯 HL1 亮 1 秒后灭，重复上述彩灯亮灭并循环。

切换开关在手动控制下，只有按下相应的手动开关，彩灯才能点亮。手动开关 1 控制 HL1 亮灭，手动开关 2 控制 HL2～HL5 亮灭，手动开关 3 控制 HL6～HL9 亮灭。

图 10-17　天塔之光

### 4．试设计一个油循环控制系统（如图 10-18 所示）

控制任务如下：

（1）按下启动按钮 SB0 后，泵 1、泵 2 通电运行，由泵 1 将油从循环槽打入淬火槽，经沉淀槽，再由泵 2 打入循环槽，运行 10min 后，泵 1、泵 2 停。

（2）在泵 1、泵 2 运行期间，如果沉淀槽的液位到达高液位，高液位传感器 SL1 接通，此时泵 1 停，泵 2 继续运行 1 min 后停下。

（3）在泵 1、泵 2 运行期间，如果沉淀槽的液位低于低液位，低液位传感器 SL2 由接通变断开，此时泵 2 停，泵 1 继续运行 1 min 后停下。

（4）当按下停止按钮 SB1 时，泵 1、泵 2 同时停。

### 5．水箱水位控制系统

有三个储水水箱，如图 10-19 所示。每个水箱有两个液面传感器，SL1、SL3、SL5 是用于检测高液位的传感器。SL2、SL4、SL6 是用于检测低液位的传感器。

YV1、YV3、YV5 分别为 3 个水箱的进水电磁阀；YV2、YV4、YV6 分别为 3 个水箱的放水电磁阀。

图 10-18 油循环控制系统示意图

SB1、SB3、SB5 分别为 3 个水箱放水电磁阀手动开启按钮，SB2、SB4、SB6 分别为 3 个水箱放水电磁阀手动关闭按钮。可以通过手工操作方式，按随机的顺序将水箱放空。只要检测到水箱空的信号，系统就自动地向水箱注水，直到检测到水箱满信号为止。

水箱的注水顺序与放空的顺序相同，例如水箱的放空顺序是水箱 2、水箱 1、水箱 3。水箱注水的顺序就也为水箱 2、水箱 1、水箱 3。每次只能对一个水箱执行注水操作。

液体未淹没液位传感器（SL1~SL6）时，传感器是断开状态，液体淹没传感器（SL1~SL6）时，传感器是闭合状态。

图 10-19 水箱水位控制系统示意图

### 6．水泵 PLC 控制

在一个恒压供水系统中，有四台水泵，为保持主管道压力在一定范围内保持恒定，可将水泵自动地依次进行切换。控制要求如下：

当主管道压力低于正常压力 5 秒后，接通水泵。当主管道压力高于正常压力 5 秒后，切断水泵。

所有 4 台水泵的运行时间和接通的频率尽可能一致。

水泵切换的原则是：当需要切断水泵时，总是将运行时间最长的那台水泵先切断；当需要接通水泵时，总是将停用时间最长的那台水泵先接通。

# 项目 11  WinCC 监控及两地控制

## 11.1  项目要求

电机启停现场控制及 WinCC 监控（A 地点与 B 地点都能控制，即两地控制），参见示意图 11-1。

通过按下现场启动按钮可以启动现场电机，也能通过画面中电机图形颜色变化监视电机的启动运行状态。按下现场停止按钮可以停止现场电机的运行，也能通过画面中电机图形颜色变化监视电机的停止状态，相关颜色变化效果见电子课件。

通过鼠标操作，在画面上按下启动按钮，能启动现场电机，也能通过画面中电机图形颜色变化显示电机的启动运行状态。通过鼠标操作，在画面上按下停止按钮，能停止现场电机的运行，也能通过画面中电机图形颜色变化显示电机的停止状态。

图 11-1  电机启停现场控制及 WinCC 监控

## 11.2　学习目标

（1）了解 WinCC 功能。

（2）掌握 WinCC 组态过程。

（3）掌握 WinCC 监控及调试方法。

（4）掌握两地控制的含义。

（5）掌握两地控制的联机调试方法。

## 11.3　相关知识

### 11.3.1　WinCC 简介

WinCC 是基于 PC 的系统监控软件，WinCC 具有控制自动化过程的强大功能和极高性能价格比的 SCADA（监视控制与数据采集）级的操作监视系统。

WinCC 的一大显著特性就是全面开放，通过它很容易将标准的用户程序结合起来，建立人机界面（HMI），精确地满足生产实际要求。通过系统集成，可将 WinCC 作为其系统扩展的基础，通过开放接口开发自己的应用软件。

WinCC 是进行廉价和快速组态的 HMI 系统，从其他方面看，它是可以无限延伸的系统平台。WinCC 的模块性和灵活性为规划和执行自动化任务提供了全新的可能。

### 11.3.2　WinCC 主要功能

（1）WinCC 资源管理器。WinCC Explorer 是 WinCC 的中央协调站，用于项目化管理所有的 WinCC 组件。WinCC Explorer 支持的组态工具包括图画的生成、组态消息、过程值存档、报表系统、脚本建立、用户管理等。

（2）图形编辑器。

WinCC 图形编辑器是一个基于向量的绘图程序，其功能包括定位、排列、旋转和镜像、发送图形对象属性等。还能对对象进行编组、建立对象库，以及应用 BMP、WMF、EMF 格式文件或通过 OLE 等引入或镶嵌在外部编辑图形和文本中。

图形编辑器支持 16 层画面的组态，对于编组对象，可以不拆开编组对象就能直接修改组中的个别对象的属性。

用户可以动态控制所有图形的外观、颜色、样式等属性，可以通过变量或从脚本直接寻址来更改。

已经生成的对象储存在对象库中，从对象库可以随时调用对象。WinCC 将对象库分为全局对象库和专用对象库，还提供一个功能库组态动作。全局对象库还包括各种各样的按主题分类的预制对象，而专门项目库是针对每个专用对象库建立的。当通过 WinCC 浏览器切换图形中的用户界面时，系统同时切换对象名称、对象组及用户定义的接口参数。

对象库中的对象可以文件名的方式或以图标的方式列出，用户可以应用 Windows 的拖放操作，将其组态到过程画面中。

（3）用户管理器：用户及其访问权限的管理工具。

（4）通信通道：广泛连接不同控制器。

（5）标准接口：与其他 Windows 应用程序的开放集成。

（6）编程接口：具有单独访问 WinCC（C-API）数据和功能的接口，可集成到特定的用户程序中。

（7）全局脚本：是 C 语言函数和动作的通称，根据类型不同可在给定的项目或所有项目中使用。脚本用于组态对象动作，它们通过系统内部 C 语言编译器来处理。

# 11.4 项目解决步骤

**步骤 1．现场控制输入/输出信号器件分析（参考项目 5）**

**步骤 2．硬件组态（参见项目 5）**

**步骤 3．A 地与 B 地的两地控制**

A 地点与 B 地点都能完成电机的启动或停止控制，程序如图 11-2 所示。

A 地为现场控制，B 地可以为现场控制，也可以为控制室控制，控制室可以是按钮控制，也可以是画面控制，画面控制是通过单击画面中的按钮来完成启动或停止控制，画面中的图形可用来监视设备运行状态。B 地画面的输入操作变量和输出显示变量如表 11-1 所示。

图 11-2　两地控制程序

表 11-1　输入操作变量和输出显示变量

| 序号 | 画面输入信号 | 输入操作变量 | 序号 | 画面输出信号 | 输出显示变量 |
|---|---|---|---|---|---|
| 1 | 画面启动按钮 | M0.0 | 1 | 电机接触器 KM 线圈 | Q4.0 |
| 2 | 画面停止按钮 | M0.1 | | | |

A 地现场控制的地址分配参考项目 5 的 I/O 地址分配表。

A 地为现场控制，B 地为画面控制，电机启停 PLC 控制符号表如图 11-3 所示。

| | 状态 | 符号 | 地址 | | 数据类型 |
|---|---|---|---|---|---|
| 1 | | 电机接触器KM线圈 | Q | 4.0 | BOOL |
| 2 | | 画面启动按钮 | M | 0.0 | BOOL |
| 3 | | 画面停止按钮 | M | 0.1 | BOOL |
| 4 | | 现场启动按钮SB1 | I | 0.0 | BOOL |
| 5 | | 现场停止按钮SB2 | I | 0.1 | BOOL |

图 11-3　电机启停 PLC 控制符号

**步骤 4．编写现场与画面两地控制的电机启停程序并下载**

两地控制程序如图 11-4 所示。

打开 S7-PLCSIM 仿真器并将程序通过站点方式下载，然后将仿真器调为 RUN-P 模式。

**步骤 5．WinCC 画面的组态与调试过程**

（1）双击 WinCC 软件图标，打开软件 SIMATIC WinCC Explorer，单击"创建新项目"按钮，选择"单用户项目"，单击"确定"按钮。如图 11-5 所示。

图 11-4　两地控制程序

图 11-5　创建单用户项目

（2）将创建的新项目命名为"电机启停 PLC 控制及 WinCC 监控"，显示项目的存储路径是"e:\"，左键单击"创建"按钮。如图 11-6 所示。

（3）右键单击"变量管理"，单击"添加新的驱动程序"，如图 11-7 所示。

图 11-6　创建新项目

图 11-7　添加新的驱动程序

（4）在添加新的驱动程序界面中选择"SIMATIC S7 Protocol Suite.chn"，单击"打开"按钮。如图 11-8 所示。

（5）在"SIMATIC S7 PROTOCOL SUITE"中的"MPI"上单击右键，在出现的下拉菜单中单击"新驱动程序的连接"。如图 11-9 所示。

（6）在"连接属性"界面中，单击"属性"按钮，如图 11-10 所示。

（7）在"连接参数"界面中，设置站地址为"2"，段为"0"，机架号为"0"，插槽号为"2"，如图 11-11 所示，单击"确定"按钮。

（8）右键单击"NewConnection"，在弹出的菜单中单击"新建变量"，如图 11-12 所示。

图 11-8　选择驱动程序

图 11-9　新的驱动程序连接

图 11-10　连接属性

图 11-11　连接参数

（9）给变量名称命名为"画面启动按钮"，数据类型设为"二进制变量"，然后单击"选择"按钮，如图 11-13 所示。

图 11-12　新建变量

图 11-13　变量属性设置

（10）在地址属性界面中，数据设成"位内存"，地址设成"位"，下面设为 M0.0，单击"确定"按钮。如图 11-14 所示。画面停止按钮设置变量方法同理。

（11）建立画面输出显示变量，变量名称为"电机接触器线圈"，选择"二进制变量"，单击"选择"按钮。如图 11-15 所示。

图 11-14　地址属性设置

图 11-15　变量属性设置

（12）"地址属性"对话框中数据选择"输出"，地址选择"位"，下方设为 Q4.0，单击"确定"按钮。如图 11-16 所示。

（13）新建画面，在"图形编辑器"上右键单击，下拉菜单中选择"新建画面"。如图 11-17 所示。

图 11-16　地址属性

图 11-17　新建画面

（14）给画面重新命名为"电机启停监控画面.Pdl"。如图 11-18 所示。

（15）在双击打开的电机启停监控画面中的右侧双击"静态文本"，然后在画面显示的静态文本对话框中键入名称"电机启停 PLC 控制及 WinCC 监控"，按回车确认。如图 11-19 所示。

（16）在画面中添加启动按钮，双击窗口对象中的按钮，如图 11-20 所示，在出现的按钮组态对话框中文本框输入"启动按钮"，添加停止按钮方法同理。

图 11-18　画面重新命名

图 11-19　给画面命名

图 11-20　按钮组态

（17）在画面中添加电机，打开库，选择"PlantElements"。如图 11-21 所示。

图 11-21　选择"PlantElements"

（18）选择"Motors"，选择眼镜预览，选择大图标。如图 11-22 所示。

（19）如图 11-23 所示，任选一台电机，左键按住拖到画面中。

（20）将画面启动按钮与所建变量 M 建立连接，右键单击"画面启动按钮"，在下拉菜单中选择"属性"。如图 11-24 所示。

图 11-22　选择"Motors"　　　　　　　　图 11-23　选择电机到画面中

（21）在对象属性对话框中，单击"事件"页签，单击"按左键"，右键单击闪电符号处，出现下拉菜单，单击"C 动作"。如图 11-25 所示。

图 11-24　按钮设置　　　　　　　　　　图 11-25　按左键设置

删除大括号中原有内容→在大括号内英文状态下键入：{SetTagBit（"　　　"，1）;}→光标插入到双引号里，到窗口编辑动作中的"变量选择"里寻找"画面启动按钮"→单击"画面启动按钮"，此时刚才输入的代码变为{SetTagBit（"画面启动按钮"，1）;}→单击"确定"。如图 11-26 所示。

图 11-26　画面启动按钮设置

（22）释放左键设置：在对象属性对话框中，单击"释放左键"→右键单击闪电符号处→出现下拉菜单，单击"C 动作"→删除大括号中内容→在大括号内英文状态下键入{SetTagBit(" ",0);}→光标插入到双引号里→到窗口编辑动作中"变量选择"里寻找"画面启动按钮"→单击"画面启动按钮"，此时刚才输入的代码变为{SetTagBit（"画面启动按钮"，0）;}→单击"确定"按钮。

（23）此时系统提示"警告！源代码已更改，未重新编译！现在重新编译吗？"，单击"是（Y）"按钮。如图 11-27 所示。

（24）对画面中的电机图形进行输出设置，右键单击电机图形，下拉菜单中选择"属性"。如图 11-28 所示。

（25）在对象属性对话框中，单击"属性"，单击"背景颜色"，右键单击动态灯泡符号处，出现下拉菜单，单击"动态对话框"。如图 11-29 所示。

图 11-27　警告

图 11-28　电机属性

图 11-29　动态对话框

（26）在动态值范围对话框中，事件名称设为"250 毫秒"。表达式设为"电机接触器线圈"，数据类型设为"布尔型"。如图 11-30 所示。

（27）在动态值范围对话框中，背景颜色"是/真"设为绿色，"否/假"设为白色，单击"应用"按钮。如图 11-31 所示。

（28）在画面的上方，单击"保存"按钮，然后单击"激活"按钮。如图 11-32 所示。

图 11-30    动态值范围设置                      图 11-31    背景颜色

（29）经过一段时间装载后，将出现"WinCC 运行系统"画面。下面通过 WinCC 软件调试过程，判断程序是否满足控制要求。单击"画面启动按钮"，电机图形显示绿色，表示电机启动运行。如图 11-33 所示。

图 11-32    保存后运行

图 11-33    电机运行的 WinCC 画面

单击"画面停止按钮"，电机图形显示白色，表示电机停止，如图 11-34 所示。

如果满足上述第 29 步 WinCC 调试情况，说明调试成功，进入下一步联机调试。如果不满足，检查原因，纠正错误，直到调试成功。

**步骤 6. 两地控制的联机调试**

完成这一步骤之前要关闭仿真器。

断电情况下，根据项目 5 电机启停 PLC 控制接线图进行 PLC 与外部设备的正确接线，通电。

　　然后将两地控制的电机启停程序通过 SIMATIC300 站点方式下载到真正 PLC，激活 WinCC 画面。

　　A 地为现场控制：现场启动按钮 SB1 按下给 PLC 输入信号，通过 PLC 程序的执行，控制现场电机的启动运行，并且使画面电机图形颜色变为绿色，表示电机启动运行；现场停止按钮 SB2 按下给 PLC 输入信号，控制现场电机的停止，并且使画面电机图形颜色变白色，表示电机停止。

图 11-34　电动机停止的 WinCC 画面

　　B 地为画面控制：在 WinCC 画面中，用鼠标单击"画面启动按钮"，WinCC 画面电机图形颜色变绿色，表示电机启动运行。用鼠标单击"画面停止按钮"，WinCC 画面电机图形颜色变白色，表示电机停止。

　　如果满足上述要求，说明两地控制联机调试成功。如果不能满足要求，检查原因，纠正错误，重新调试，直到满足要求为止。

# 巩固练习十一

　　（1）完成电机正反转两地控制。具体任务参考项目 6，操作步骤参考项目 11 的项目解决步骤。

　　（2）完成小车自动往复运动两地控制。具体任务参考项目 7，操作步骤参考项目 11 的项目解决步骤。过载和行程开关在 WinCC 中设置 C 动作可以设为：按左键为"1"，按右键为"0"。

　　（3）完成三相异步电机星—三角形降压启动两地控制。具体任务参考项目 8，操作步骤参考项目 11 的项目解决步骤。提示：过载在 WinCC 中设置 C 动作可以设为：按左键为"1"，按右键为"0"。

　　（4）完成四节传送带两地控制。具体任务参考项目 9，操作步骤参考项目 11 的项目解决步骤。提示：过载在 WinCC 中设置 C 动作可以设为：按左键为"1"，按右键为"0"。

# 项目 12　十字路口交通灯 PLC 控制及 WinCC 监控

## 12.1　项目要求

交通灯的位置如图 12-1 所示。

图 12-1　交通信号灯位置示意图

选择开关 SA-1 接通，选择白天：信号灯按照预先规定的时序规律自动循环往复地亮灭。具体白天控制规律见表 12-1。白天控制时序图如图 12-2 所示。

图 12-2　交通信号灯白天工作时的控制时序图

选择开关 SA-2 接通，选择晚上：红灯和绿灯停止工作，只有黄灯一直闪烁，频率为 1 次/秒。

要求：完成现场控制与 WinCC 画面监控的两地控制。

表 12-1　交通灯白天控制规律

| 东西方向 | 信号灯 | 绿灯亮 | 绿灯闪烁 | 黄灯亮 | 红灯亮 | | |
|---|---|---|---|---|---|---|---|
| | 信号时间 | 25 秒 | 3 秒（1 次/秒） | 2 秒 | 30 秒 | | |
| 南北方向 | 信号灯 | 红灯亮 | | | 绿灯亮 | 绿灯闪烁 | 黄灯亮 |
| | 信号时间 | 30 秒 | | | 25 秒 | 3 秒（1 次/秒） | 2 秒 |

## 12.2　学习目标

（1）掌握时钟存储器的用法。
（2）巩固定时器指令使用。
（3）巩固 WinCC 组态过程。
（4）巩固 WinCC 监控及调试方法。
（5）巩固位存储器的使用。
（6）掌握交通灯控制的工作原理。
（7）提高 PLC 编程能力与两地控制的联机调试能力。

## 12.3　相关知识

图 12-3　双击 CPU 模板

时钟存储器的用法：

第 1 步：完成硬件组态，如图 12-3 所示。双击"CPU 314C-2 DP"。

第 2 步：单击"周期/时钟存储器"，单击勾选"时钟存储器"，然后在设置存储器字节处输入"100"，单击"确定"按钮。如图 12-4 所示。除了选择第 MB100 字节外，也可以选择其他字节。

图 12-4　设置时钟存储器

第 3 步：在硬件组态界面中单击保存并编译按钮
。在 OB1 中建立符号表，闪烁频率为 1 次/秒，在仿真器中使用符号地址，插入位垂直变量，输入"MB100"，如图 12-5 所示。

在 S7 系列 CPU 的位存储器 M 中，可以任意指定一个字节，如 MB100，作为时钟脉冲存储器，当 PLC 运行时，MB100 的各个位，能周期性地改变二进制值，即产生不同频率（或周期）的时钟脉冲，如表 12-2 所示。

图 12-5 位存储器中位的频率和周期

表 12-2 时钟脉冲与存储位的关系

| 位 | 7 | 6 | 5 | 4 | 3 | 2 | 1 | 0 |
|---|---|---|---|---|---|---|---|---|
| 时钟脉冲周期（s） | 2 | 1.6 | 1 | 0.8 | 0.5 | 0.4 | 0.2 | 0.1 |
| 时钟脉冲频率（Hz） | 0.5 | 0.625 | 1 | 1.25 | 2 | 2.5 | 5 | 10 |

# 12.4 项目解决步骤

### 步骤 1. 输入/输出信号器件

输入：启动按钮 SB1　　　　输出：南北向红灯 HL5
　　　　停止按钮 SB2　　　　　　　　东西向绿灯 HL0
　　　　选择白天 SA-1　　　　　　　东西向黄灯 HL1
　　　　选择晚上 SA-2　　　　　　　东西向红灯 HL2
　　　　　　　　　　　　　　　　　　南北向绿灯 HL3
　　　　　　　　　　　　　　　　　　南北向黄灯 HL4

### 步骤 2. 硬件组态（参见项目 3）

### 步骤 3. 输入/输出地址分配表

在现场中，交通灯的地址分配如表 12-3 所示。

表 12-3 输入/输出地址分配表

| 序　号 | 输入信号器件名称 | 编程元件地址 | 序　号 | 输出信号器件名称 | 编程元件地址 |
|---|---|---|---|---|---|
| 1 | 现场启动按钮 SB1（常开触点） | I0.0 | 1 | 南北向红灯 HL5 | Q4.5 |
| 2 | 现场停止按钮 SB2（常开触点） | I0.1 | 2 | 东西向绿灯 HL0 | Q4.0 |
| 3 | 现场选择白天 SA-1（常开触点） | I0.2 | 3 | 东西向黄灯 HL1 | Q4.1 |
| 4 | 现场选择晚上 SA-2（常开触点） | I0.3 | 4 | 东西向红灯 HL2 | Q4.2 |
| | | | 5 | 南北向绿灯 HL3 | Q4.3 |
| | | | 6 | 南北向黄灯 HL4 | Q4.4 |

### 步骤 4. 在 WinCC 画面中输入操作变量和输出显示变量

在画面中，变量如表 12-4 所示。

表 12-4　输入操作变量和输出显示变量表

| 序号 | 输入操作变量名称 | 操作变量 | 序号 | 输出显示变量名称 | 显示变量 |
|---|---|---|---|---|---|
| 1 | 画面启动按钮 SB1（常开触点） | M0.0 | 1 | 南北向红灯 HL5 | Q4.5 |
| 2 | 画面停止按钮 SB2（常开触点） | M0.1 | 2 | 东西向绿灯 HL0 | Q4.0 |
| 3 | 画面选择白天 SA-1（常开触点） | M0.2 | 3 | 东西向黄灯 HL1 | Q4.1 |
| 4 | 画面选择晚上 SA-2（常开触点） | M0.3 | 4 | 东西向红灯 HL2 | Q4.2 |
| | | | 5 | 南北向绿灯 HL3 | Q4.3 |
| | | | 6 | 南北向黄灯 HL4 | Q4.4 |

**步骤 5．接线图**

交通灯接线图如图 12-6 所示。

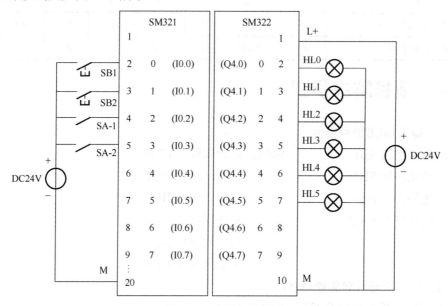

图 12-6　交通灯接线图

**步骤 6．建立符号表**

交通灯的符号表如图 12-7 所示。

图 12-7　交通灯符号表

**步骤 7. 根据项目要求、时序图、地址分配编写控制程序（含 WinCC 变量）**

交通灯控制程序如图 12-8 所示。

**交通灯控制程序讲解**

程序段1：白天工作

> 按下选择白天开关SA-1，按下启动按钮，M5.0线圈接通，选择了白天工作
> 或者按下画面选择白天SA-1，按下画面启动按钮，M5.0线圈接通，选择了白天工作

```
   I0.0            I0.2            I0.1            M0.1
 "现场启动        "现场选择        "现场停止        "画面停止        M5.1           M5.0
  按钮SB1"        白天SA-1"        按钮SB2"        按钮SB2"        "晚上工作"      "白天工作"
    ┤├             ┤├             ┤/├             ┤/├             ┤/├            ─( )─

   M0.0            M0.2
 "画面启动        "画面选择
  按钮SB1"        白天SA-1"
    ┤├             ┤├

   M5.0
 "白天工作"
    ┤├
```

程序段2：晚上工作

> 按下选择晚上开关SA-2，按下启动按钮，M5.1线圈接通，选择了晚上工作
> 或者按下画面选择晚上SA-2，按下画面启动按钮，M5.1线圈接通，选择了晚上工作

```
   I0.0            I0.3            I0.1            M0.1
 "现场启动        "现场选择        "现场停止        "画面停止        M5.0           M5.1
  按钮SB1"        晚上SA-2"        按钮SB2"        按钮SB2"        "白天工作"      "晚上工作"
    ┤├             ┤├             ┤/├             ┤/├             ┤/├            ─( )─

   M0.0            M0.3
 "画面启动        "画面选择
  按钮SB1"        晚上SA-2"
    ┤├             ┤├

   M5.1
 "晚上工作"
    ┤├
```

程序段3：

> 南北向红灯亮计时30s

```
   M5.0                                            T0
 "白天工作"        T7                             (SD)
    ┤├            ┤/├                          S5T#30S
```

程序段4：

> 南北向红灯亮计时30s内，东西向绿灯亮计时25s

```
   M5.0                                            T1
 "白天工作"        T7                             (SD)
    ┤├            ┤/├                          S5T#25S
```

图 12-8  交通灯 PLC 控制与 WinCC 监控程序

程序段5:

南北向红灯亮计时30s内，东西向绿灯闪烁计时3s

```
      T1              T7                          T2
   ---| |------------|/|-------------------------(SD)---
                                                 S5T#3S
```

程序段6:

南北向红灯亮计时30s内，东西向黄灯亮计时2s

```
      T2              T7                          T3
   ---| |------------|/|-------------------------(SD)---
                                                 S5T#2S
```

程序段7:

东西向红灯亮计时30s

```
      T3              T7                          T4
   ---| |------------|/|-------------------------(SD)---
                                                 S5T#30S
```

程序段8:

东西向红灯亮计时30s内，南北向绿灯亮计时25s

```
      T3              T7                          T5
   ---| |------------|/|-------------------------(SD)---
                                                 S5T#25S
```

程序段9:

东西向红灯亮计时30s内，南北向绿灯闪烁计时3s

```
      T5              T7                          T6
   ---| |------------|/|-------------------------(SD)---
                                                 S5T#3S
```

图 12-8　交通灯 PLC 控制与 WinCC 监控程序（续）

程序段10:

东西向红灯亮计时30s内,南北向黄灯亮计时2s

```
      T6              T7                        T7
   ──┤ ├────────────┤/├──────────────────────(SD)──┤
                                            S5T#2S
```

程序段11:南北红灯

选择了白天SA-1,常开M5.0触点接通,Q4.5线圈得电,南北红灯亮30s

```
     M5.0                                    Q4.5
   "白天工作"           T0                  "南北红灯"
   ──┤ ├────────────┤/├──────────────────────( )──┤
```

程序段12:东西绿灯

南北红灯亮30s内,东西向绿灯亮25s后,被T1常闭触点断开,Q4.0线圈失电,东西绿灯灭,
闪烁被T1常开触点接通,Q4.0线圈闪烁,绿灯闪烁3s

```
     Q4.5                                    Q4.0
   "南北红灯"           T1                  "东西绿灯"
   ──┤ ├────────────┤/├──────────┬───────────( )──┤
                                 │
                               M100.5
                             "闪烁频率1
                               次/秒"
      T1              T2           │
   ──┤ ├────────────┤/├──────────┤/├
```

程序段13:东西黄灯

南北红灯亮30s内,T2常开触点接通Q4.1线圈得电,黄灯亮2s,被T3断开

```
                                             Q4.1
      T2              T3                    "东西黄灯"
   ──┤ ├────────────┤/├──────────┬───────────( )──┤
                                 │
                               M100.5
     M5.1            "闪烁频率1
   "晚上工作"          次/秒"     │
   ──┤ ├────────────┤/├──────────┘
```

程序段14:东西红灯

T3接通线圈Q4.2,东西向红灯亮30s

```
                                             Q4.2
      T3              T4                    "东西红灯"
   ──┤ ├────────────┤/├──────────────────────( )──┤
```

图 12-8　交通灯 PLC 控制与 WinCC 监控程序（续）

153

程序段15：南北绿灯

东西向红灯亮30s内，线圈Q4.3被接通，南北绿灯亮25s后被T5常闭点断开，T5常开点接通闪烁，线圈Q4.3闪烁，南北绿灯闪烁3s

```
    Q4.2                                                    Q4.3
  "东西红灯"        T5                                     "南北绿灯"
  ──┤ ├──────────┤/├────────┬──────────────────────────────( )──
                            │      M100.5
                            │   "闪烁频率1
                            │     次/秒"
    T5             T6       │
  ──┤ ├──────────┤/├────────┴──────┤/├──
```

程序段16：南北黄灯

东西向红灯亮30s内，常开点T6接通线圈Q4.4，南北黄灯亮2s

```
                                                            Q4.4
    T6             T7                                     "南北黄灯"
  ──┤ ├──────────┤/├────────┬──────────────────────────────( )──
                            │
    M5.1          M100.5    │
  "晚上工作"    "闪烁频率1   │
                 次/秒"     │
  ──┤ ├──────────┤/├────────┘
```

图 12-8　交通灯 PLC 控制与 WinCC 监控程序（续）

**步骤 8. WinCC 画面的组态和调试过程**

（1）启动 WinCC。

（2）创建一个 WinCC 新项目。

（3）添加新的驱动程序。注意连接参数中插槽号输入"2"。

（4）新建变量并设置变量属性。

新建的变量如图 12-9 所示。

图 12-9　新建变量

（5）编辑 WinCC 画面：

① 创建 WinCC 画面。在 WinCC 资源管理器中，右键单击"图形编辑器"，在弹出的快捷菜单中，单击"新建画面"选项，将画面重命名为"十字路口交通灯 PLC 控制及 WinCC 监控.pdl"，显示在 WinCC 资源管理器的右边的窗口中。

② 编辑画面并连接变量。在 WinCC 资源管理器右边的子窗口中，双击"十字路口交通灯 PLC 控制及 WinCC 监控.pdl"，在打开的画面中编辑自己想编辑的画面。

在画面中连接输入的操作变量 M 和输出的显示变量 Q。

**注意**：在 WinCC 中设置 C 动作："选择白天"开关及"选择晚上"开关均设置为按左键为"1"，按右键为"0"。

单击画面上方"保存"按钮。

（6）激活项目。将仿真器 S7-PLCSIM 打开。选择 RUN-P 模式，下载交通灯 PLC 控制及 WinCC 监控程序。单击画面上方"激活"按钮，经过一段时间装载后，将出现"WinCC 运行系统"画面。

（7）WinCC 软件调试程序。通过 WinCC 软件调试过程，判断程序是否满足控制要求。

模拟选择白天，在画面上单击"选择白天"，再单击"启动按钮"，交通灯显示南北方向红灯亮 30 秒，东西方向绿灯亮 25 秒，如图 12-10 所示。

图 12-10  东西绿灯与南北红灯亮

南北方向红灯亮 30 秒内，东西方向绿灯闪烁 3 秒后灭。

南北方向红灯亮 30 秒内，东西方向黄灯亮 2 秒，如图 12-11 所示。

东西方向红灯亮 30 秒，南北方向绿灯亮 25 秒，如图 12-12 所示。

东西方向红灯亮 30 秒内，南北方向绿灯闪烁 3 秒后灭。

东西方向红灯亮 30 秒内，南北方向黄灯亮 2 秒，如图 12-13 所示。周而复始，循环往复。

模拟选择晚上，在画面上单击"选择晚上"，再单击"启动按钮"，东西和南北方向黄灯闪烁。如图 12-14 所示。

图 12-11 东西黄灯与南北红灯亮

图 12-12 东西红灯与南北绿灯亮

图 12-13 东西红灯与南北黄灯亮

图 12-14 晚上东西与南北方向黄灯闪烁

如果满足上述情况，说明 WinCC 调试成功，进入联机调试。如果不满足上述情况，检查原因，纠正错误，重新调试，直到 WinCC 调试成功。

**注意**：如果灯的图形颜色无变化，可能是全局颜色方案没有"选否"。

首先取消激活状态，右键单击灯图形符号➡属性➡效果➡全局颜色方案为"否"。

**步骤 9. 联机调试**

完成这一步骤之前要关闭仿真器。

确保连线正确的情况下，下载硬件组态和程序等到真实 PLC 中（参见 5.3.6 真实 S7-300 PLC 适配器下载）。

现场 A 地：现场选择白天开关 SA-1 按下，启动按钮 SB1 按下，给 PLC 输入信号，通过 PLC 控制现场交通灯亮灭变化，并且还控制 WinCC 画面交通灯图形颜色变化来表示灯的亮灭变化；现场停止按钮 SB2 按下给 PLC 输入信号，控制现场交通灯灭，并且还控制 WinCC 画面交通灯图形的颜色变白色，表示灯灭。

现场选择晚上开关 SA-2 按下，启动按钮 SB1 按下，现场东西和南北方向黄灯闪烁，画面东西和南北方向黄灯图形颜色闪烁（表示黄灯闪烁）。现场停止按钮 SB2 按下，现场交通灯灭，并且 WinCC 画面交通灯图形的颜色变白色，表示灯灭。

画面 B 地：在 WinCC 画面中，单击画面中"选择白天"开关，单击"启动按钮"，给 PLC 输入信号，通过 PLC 控制器，WinCC 画面交通灯图形颜色变化表示灯的亮灭，并且还控制现场交通灯亮灭变化；单击画面"停止按钮"给 PLC 输入信号，通过 PLC 控制器，WinCC 画面交通灯图形变成白色（表示灯灭），并且还控制现场交通灯灭。

单击画面中"选择晚上"开关，单击"启动按钮"，画面东西和南北方向黄灯图形颜色闪烁，并且还控制现场东西和南北方向黄灯闪烁。单击"停止按钮"，WinCC 画面交通灯图形的颜色变白色，表示灯灭，并且控制现场交通灯灭。

如果满足上述要求，说明联机调试成功。如果不能满足要求，检查原因，纠正错误，重新调试，直到满足要求为止。

# 巩固练习十二

## 1. 花样喷泉控制

按下启动按钮，喷泉控制装置开始工作，按下停止按钮，喷泉控制装置停止工作。花样选择开关用于选择喷泉的喷水花样，现考虑 3 种喷水花样。

（1）花样选择开关在位置 1 时，按下启动按钮后，4 号喷头喷水，延迟 2 秒后，3 号喷头喷水，再延迟 2 秒后，2 号喷头喷水，又延迟 2 秒后，1 号喷头喷水。18 秒后全部停止喷水，停止 5 秒后，继续循环。按下停止按钮则停下来。

（2）花样选择开关在位置 2 时，按下启动按钮后，1 号喷头喷水，延迟 2 秒后，2 号喷头喷水，再延迟 2 秒后，3 号喷头喷水，又延迟 2 秒后，4 号喷头喷水。30 秒后，全部停止喷水，停止 5 秒后，继续循环。按下停止按钮则停下来。

（3）花样选择开关在位置 3 时，按下启动按钮后，1 号、3 号喷头同时喷水，延迟 3 秒后，2 号、4 号喷头同时喷水，同时 1 号、3 号喷头停止喷水。如此交替运行，按下停止按钮则停下来。

要求：

（1）完成输入/输出信号器件分析。

（2）完成硬件组态及 I/O 地址分配。

（3）画出接线图。

（4）建立符号表。

（5）编写控制程序。

（6）完成 WinCC 画面组态及调试控制程序。

## 2. 抢答器控制

给主持人设置三个控制按钮，用来控制抢答限时、复位和答题计时的开始；抢答开始前，选手按钮无效。

抢答限时：当主持人发出开始抢答指令后，定时器 T0 开始计时（设定 10 秒），同时扬声器发出声响（T1=1s），绿色指示灯点亮。若 10 秒时限到仍无人抢答，则红色指示灯亮、扬声器发出声响（T3=3s），以示选手放弃该题。

选手抢答成功后绿色指示灯熄灭，同时扬声器发出声响（T4=1s），对应选手指示灯点亮，此时其他选手按钮失效。

在抢答成功后，主持人按下答题计时开始按钮，绿色指示灯点亮，扬声器发出声响（T5=2s），答题时间设定为 20 秒，选手必须在设定的时间内完成答题。否则，红色指示灯亮，扬声器发出答题超时报警信号（T6=3s）。

选手答题完毕后，由主持人按下复位按钮，系统才能开始下一轮抢答。

要求：

（1）完成输入/输出信号器件分析。

（2）完成硬件组态及 I/O 地址分配。

（3）画出接线图。

（4）建立符号表。

（5）编写控制程序。

（6）完成 WinCC 画面组态及调试控制程序。

### 3．按钮式人行道交通灯 PLC 控制

在道路交通管理上有许多按钮式人行道交通灯，如图 12-15 所示，在正常情况下，汽车通行，即主干道方向 HL1 和 HL6 绿灯亮，人行道方向 HL8 和 HL9 红灯亮；当行人想过马路时，可按下按钮 SB1 或 SB2，此时主干道交通灯绿灯亮 5 秒→绿灯闪烁 3 秒→黄灯亮 3 秒→红灯亮 20 秒，当主干道红灯亮时，人行道从红灯亮转为绿灯亮，15 秒后，人行道绿灯开始闪烁，闪烁 5 秒后转入主干道绿灯亮，人行横道红灯亮。

图 12-15　按钮式人行道交通灯示意图

### 4. 水塔水位的 PLC 控制

自来水供水系统中，为解决高层建筑的供水问题，修建了一些水塔。为保证水塔的水位正常，需要用水泵为其供水。水泵房有 5 台泵，使用三相异步电机，正常运行时，4 台电机运转，1 台电机备用。控制任务如下：

（1）因电机功率较大，为降低启动电流，电机采用定子串电阻降压启动，要错开启动时间（间隔时间为 6 秒）。

（2）为防止某一台电机因长期闲置而产生锈蚀，备用电机可通过预置开关预先随意设置。如果未设置备用电机组号，则系统默认 5 号电机组为备用机组。

（3）每台电机都有手动和自动两种控制状态。在自动控制状态时，不论设置哪一台电机作为备用，其余的 4 台电机都要按顺序逐台启动。

（4）在自动控制状态下，如果由于故障使某台电机停车，而水塔水位又未达到高水位时，备用电机组自动降压启动；同时对发生故障的电机组根据故障性质发出停机报警信号，提醒维护人员及时排除故障。当水塔水位达到高水位时，高液位传感器发出停机信号，各个电机组停止运行。当水塔水位低于低水位时，低液位传感器自动发出开机信号，系统自动按顺序降压启动。

（5）因水泵房距离水塔较远，每台电机都有就地操作按钮和远程操作按钮。

（6）每台电机都有运行状态指示灯（运行、备用和故障）。

（7）液位传感器要有状态指示灯。

# 项目 13　货物转运仓库 PLC 控制

## 13.1　项目要求

某个货物转运仓库可存储 900 件物品，由电动机 M1 驱动的传送带 1 将物品运送至仓库区。由电动机 M2 驱动的传送带 2 将物品运出仓库区。传送带 1 两侧安装光电传感器 PS1 检测入库的物品，传送带 2 两侧安装光电传感器 PS2 检测出库的物品，见图 13-1。

启动按钮 SB1 和停止按钮 SB2 控制电动机 M1。启动按钮 SB3 和停止按钮 SB4 控制电动机 M2。

转运仓库的物品库存数可通过 6 个指示灯来显示：仓库库存空，指示灯 HL1 亮；库存≥20%，指示灯 HL2 亮；库存≥40%，指示灯 HL3 亮；库存≥60%，指示灯 HL4 亮；库存≥80%，指示灯 HL5 亮；仓库库存满，指示灯 HL6 亮。

图 13-1　货物转运仓库示意图

## 13.2　学习目标

（1）掌握计数器指令的应用。

（2）掌握数据传送与转换指令。

（3）掌握整数与浮点数的运算指令。

（4）掌握字逻辑运算指令与比较指令。

（5）学习仓库存储计数控制。

（6）提高编程及调试能力。

## 13.3    相关知识

### 13.3.1    计数器指令

在 S7-300 CPU 的存储器中留有一块区域用于存储计数器的计数值，每个计数器需要 2 个字节，不同的 CPU 模块，用于计数器的存储区域也不同，最多允许使用 64～512 个计数器。

计数器有两种表示形式：功能框形式和线圈形式。

计数器有三种类型：加计数器、减计数器和加减计数器。

**1. 功能框形式的计数指令**

功能框形式的计数指令如表 13-1 所示。

表 13-1    功能框形式的计数指令

| 加计数器 | 减计数器 | 加减计数器 |
|---|---|---|
| C no<br>S_CU<br>CU      Q<br>S<br>PV      CV<br>CV_BCD<br>R | C no<br>S_CD<br>CU      Q<br>S<br>PV      CV<br>CV_BCD<br>R | C no<br>S_CUD<br>CU      Q<br>CD<br>S      CV<br>PV  CV_BCD<br>R |

C no 为计数器编号，范围与 CPU 型号有关。

S 为计数器预置值输入端，通过该端上升沿，将 PV 端的值送入到计时器。

PV 为预置值输入端，初值的范围：0～999。可以通过 I、Q、M、L、D 的字存储器送初值，例如 MW0，IW10 等。还可以将计数器值以 C#值的格式输入常数（范围 0 至 999），该值是 BCD 码格式，如 C#10。

CU 是加计数脉冲输入端，该端每出现一个上升沿，计数器自动加 1，当计数值加到 999 时，保持为 999。

CD 减计数脉冲输入端，该端每出现一个上升沿，计数器自动减 1，当计数值减到 0 时，保持为 0。

R 为复位输入端，该输入出现一个上升沿，计数器复位，复位后计数器的值是 0，并且输出 Q 端为"0"。

Q 为计数器状态输出端，有接通和断开两种状态。只要当前值不是 0，Q 端就是"1"状态，当前计数值是 0，Q 端就是"0"状态，该端可以选择不用。

CV 端输出十六进制数格式的当前计数值。

CV_BCD 端输出 BCD 码格式的当前计数值。

CU、CD、S、R、Q 端均为 BOOL 变量，PV、CV 和 CV_BCD 端均为 WORD 变量。各变量均可以使用 I、Q、M、L、D 存储区，PV 还可以使用计数器常数 C#值。

下面举例：加减计数器为 0 时，计数器 Q 端无输出，如图 13-2 所示。

图 13-2　加减计数器

### 2. 线圈形式的计数指令

线圈形式的计数指令如表 13-2 所示。

表 13-2　线圈形式的计数指令

| 功能 | LAD 指令 | 存储区 | 说明 |
| --- | --- | --- | --- |
| 设定计数器值指令 | <C 编号><br>---(SC)<br><预设值> | I、Q、M、L、D 或常数 | 在设定计数器值线圈左端有上升沿时，本指令会执行，预设值被传送到指定计数器中。C 编号是计数器编号 |
| 加计算器指令 | <C 编号><br>---(CU) | C | 计数器线圈左端有上升沿，并且计数器的值小于 999，则指定计数器的值加 1。如果计数器线圈左端没有上升沿，或者计数器的值已经是 999，则计数器值不变 |
| 减计算器指令 | <C 编号><br>---(CD) | C | 计数器线圈左端有上升沿，并且计数器的值大于 0，将指定计数器的值减 1。如果计数器线圈左端没有上升沿，或者计数器的值已经是 0，则计数器值不变 |

举例说明线圈形式计数器指令应用：

该例子可以实现赋初值、增减计数和复位计数器，如图 13-3 所示。

图 13-3　线圈形式计数器

## 13.3.2 数据传送与转换指令

### 1. 数据传送指令的使用

数据传送指令使用如表 13-3 所示。

表 13-3 数据传送指令

| LAD | 参　数 | 数据类型 | 存储区 | 说　明 |
|---|---|---|---|---|
| | EN | BOOL | | 允许输入 |
| | ENO | BOOL | I、Q、M | 允许输出 |
| | IN | 长度为 8 位、16 位和 32 位数据类型 | L、D | 源数据（可以为常数） |
| | OUT | 长度为 8 位、16 位和 32 位数据类型 | | 目标地址 |

在 I0.0、I0.1 和 I0.3 触点由断开到接通时，执行传送指令。如图 13-4 所示。

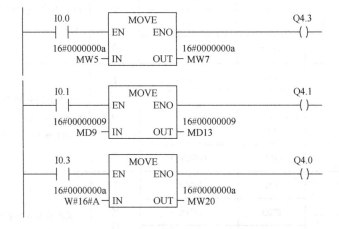

图 13-4 传送指令使用

### 2. 转换指令的使用

在数据运算时，如果数据类型不一样，就不能进行运算，必须先进行数据类型的转换，具体各种类型转换如表 13-4 所示。

表 13-4 数据类型转换表

| LAD | 参　数 | 数据类型 | 存储区 | 说　明 |
|---|---|---|---|---|
| | EN | BOOL | I | |
| | ENO | BOOL | Q | BCD 码转换为整数：读取 IN 中的三位 |
| | IN | WORD | M | BCD 码(+/- 999)，并将其转换为整数(16 |
| | OUT | INT | L | 位)。结果送 OUT |
| | | | D | |

| LAD | 参　　数 | 数 据 类 型 | 存储区 | 说　　明 |
|---|---|---|---|---|
| BCD_DI<br>EN　ENO<br>??? — IN　OUT — ??? | EN<br>ENO<br>IN<br>OUT | BOOL<br>BOOL<br>DWORD<br>DINT | I<br>Q<br>M<br>L<br>D | 将 BCD 码转换为长整数：读取 IN 中的七位 BCD 码(+/- 9999999)数字，并将其转换为长整数(32 位)。结果送 OUT |
| I_BCD<br>EN　ENO<br>??? — IN　OUT — ??? | EN<br>ENO<br>IN<br>OUT | BOOL<br>BOOL<br>INT<br>WORD | I<br>Q<br>M<br>L<br>D | 整数转换为 BCD 码：读取 IN 中的整数(16 位)，并将其转换为三位 BCD 码数字(+/- 999)。结果送 OUT |
| I_DI<br>EN　ENO<br>??? — IN　OUT — ??? | EN<br>ENO<br>IN<br>OUT | BOOL<br>BOOL<br>INT<br>DINT | I<br>Q<br>M<br>L<br>D | 整数转换为长整数：读取 IN 中的整数(16 位)，并将其转换为长整数(32 位)。结果送 OUT |
| DI_BCD<br>EN　ENO<br>??? — IN　OUT — ??? | EN<br>ENO<br>IN<br>OUT | BOOL<br>BOOL<br>DINT<br>DWORD | I<br>Q<br>M<br>L<br>D | 长整数换为 BCD 码：读取 IN 中的长整数(32 位)，并将其转换为七位 BCD 码数字(+/- 9999999)。结果送 OUT |
| DI_R<br>EN　ENO<br>??? — IN　OUT — ??? | EN<br>ENO<br>IN<br>OUT | BOOL<br>BOOL<br>DINT<br>REAL | I<br>Q<br>M<br>L<br>D | 长整数转换为浮点数：读取 IN 中的长整数，并将其转换为浮点数。结果送 OUT |
| ROUND<br>EN　ENO<br>??? — IN　OUT — ??? | EN<br>ENO<br>IN<br>OUT | BOOL<br>BOOL<br>REAL<br>DINT | I<br>Q<br>M<br>L<br>D | 取整为长整数：读取 IN 中的浮点数，将浮点数化整为最接近的长整数。如果浮点数介于两个整数之间，则返回偶数。结果送 OUT |
| CEIL<br>EN　ENO<br>??? — IN　OUT — ??? | EN<br>ENO<br>IN<br>OUT | BOOL<br>BOOL<br>REAL<br>DINT | I<br>Q<br>M<br>L<br>D | 上取整：读取 IN 中的浮点数，并将浮点数化整为大于或等于该浮点数的最小长整数，结果送 OUT |

续表

| LAD | 参　　数 | 数 据 类 型 | 存储区 | 说　　明 |
|---|---|---|---|---|
| FLOOR<br>EN　ENO<br>??? — IN　OUT — ??? | EN | BOOL | I<br>Q<br>M<br>L<br>D | 下取整：读取 IN 中的浮点数，并将浮点数化整为小于或等于该浮点数的最大整数，结果送 OUT |
| | ENO | BOOL | | |
| | IN | REAL | | |
| | OUT | DINT | | |
| TRUNC<br>EN　ENO<br>??? — IN　OUT — ??? | EN | BOOL | I<br>Q<br>M<br>L<br>D | 截取长整数部分：读取 IN 中的浮点数，将浮点数截去小数部分，取浮点数的整数部分，结果送 OUT |
| | ENO | BOOL | | |
| | IN | REAL | | |
| | OUT | DINT | | |
| INV_I<br>EN　ENO<br>??? — IN　OUT — ??? | EN | BOOL | I<br>Q<br>M<br>L<br>D | 对整数求反码：读取 IN 中的整数，求整数的二进制反码，结果送 OUT |
| | ENO | BOOL | | |
| | IN | INT | | |
| | OUT | INT | | |
| INV_DI<br>EN　ENO<br>??? — IN　OUT — ??? | EN | BOOL | I<br>Q<br>M<br>L<br>D | 对长整数求反码：读取 IN 中的长整数，求长整数的二进制反码，结果送 OUT |
| | ENO | BOOL | | |
| | IN | DINT | | |
| | OUT | DINT | | |
| NEG_I<br>EN　ENO<br>??? — IN　OUT — ??? | EN | BOOL | I<br>Q<br>M<br>L<br>D | 对整数求补码：读取 IN 中的整数，并对整数求补码，结果送 OUT |
| | ENO | BOOL | | |
| | IN | INT | | |
| | OUT | INT | | |
| NEG_DI<br>EN　ENO<br>??? — IN　OUT — ??? | EN | BOOL | I<br>Q<br>M<br>L<br>D | 对长整数求补码：读取 IN 中的长整数，并对长整数求补码，结果送 OUT |
| | ENO | BOOL | | |
| | IN | DINT | | |
| | OUT | DINT | | |
| NEG_R<br>EN　ENO<br>??? — IN　OUT — ??? | EN | BOOL | I<br>Q<br>M<br>L<br>D | 浮点数取反：读取 IN 中的浮点数，并对浮点数的符号位取反，结果送 OUT |
| | ENO | BOOL | | |
| | IN | REAL | | |
| | OUT | REAL | | |

### 13.3.3 整数运算

16 位的整数运算与 32 位长整数（双整数）运算如表 13-5 所示。

**表 13-5 整数与长整数运算指令**

| LAD 指令 | 功 能 说 明 | LAD 指令 | 功 能 说 明 |
|---|---|---|---|
| ADD_I<br>EN ENO<br>??? IN1 OUT ???<br>??? IN2 | 整数加：<br>IN1＋IN2 的结果送 OUT | ADD_DI<br>EN ENO<br>??? IN1 OUT ???<br>??? IN2 | 长整数加：<br>IN1＋IN2 的结果送 OUT |
| SUB_I<br>EN ENO<br>??? IN1 OUT ???<br>??? IN2 | 整数减：IN1－IN2 的结果送 OUT | SUB_DI<br>EN ENO<br>??? IN1 OUT ???<br>??? IN2 | 长整数减：<br>IN1－IN2 的结果送 OUT |
| MUL_I<br>EN ENO<br>??? IN1 OUT ???<br>??? IN2 | 整数乘：<br>IN1×IN2 的结果送 OUT | MUL_DI<br>EN ENO<br>??? IN1 OUT ???<br>??? IN2 | 长整数乘：<br>IN1×IN2 的结果送 OUT |
| DIV_I<br>EN ENO<br>??? IN1 OUT ???<br>??? IN2 | 整数除：<br>IN1÷IN2 的结果送 OUT | DIV_DI<br>EN ENO<br>??? IN1 OUT ???<br>??? IN2 | 长整数除：<br>IN1÷IN2 的结果送 OUT |
| — | — | MOD_DI<br>EN ENO<br>??? IN1 OUT ???<br>??? IN2 | 长整数余数：IN1÷IN2，余数送 OUT |

举例：根据表达式 MW12=（MW0+MW2-MW6）×20/MW10 编写的运算程序如图 13-5 所示。

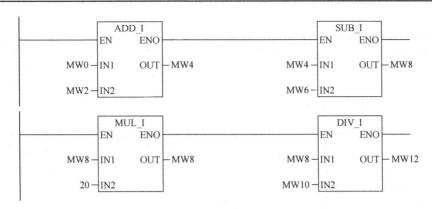

图 13-5　运算程序

## 13.3.4　浮点函数运算

32 位浮点函数运算如表 13-6 所示。

表 13-6　浮点函数运算指令

| LAD 指令 | 功 能 说 明 | LAD 指令 | 功 能 说 明 |
|---|---|---|---|
| ADD_R<br>EN　ENO<br>???—IN1　OUT—???<br>???—IN2 | 实 数 加：<br>IN1+IN2 的结果送<br>OUT | LN<br>EN　ENO<br>???—IN　OUT—??? | 求自然对数：求浮点数<br>的自然对数 |
| SUB_R<br>EN　ENO<br>???—IN1　OUT—???<br>???—IN2 | 实 数 减：<br>IN1-IN2 的结果送<br>OUT | EXP<br>EN　ENO<br>???—IN　OUT—??? | 求指数值：求以<br>e(=2.71828…)为底，浮点数<br>为指数的值，结果送 OUT |
| MUL_R<br>EN　ENO<br>???—IN1　OUT—???<br>???—IN2 | 实 数 乘：<br>IN1×IN2 的结果送<br>OUT | SIN<br>EN　ENO<br>???—IN　OUT—??? | 求正弦值：求以弧度为<br>单位角度的正弦值 |
| DIV_R<br>EN　ENO<br>???—IN1　OUT—???<br>???—IN2 | 实 数 除：<br>IN1÷IN2 的结果送<br>OUT | COS<br>EN　ENO<br>???—IN　OUT—??? | 求余弦值：求以弧度为<br>单位角度的余弦值 |
| ABS<br>EN　ENO<br>???—IN　OUT—??? | 求浮点数的绝<br>对值 | TAN<br>EN　ENO<br>???—IN　OUT—??? | 求正切值：求以弧度为<br>单位角度的正切值 |

| LAD 指令 | 功 能 说 明 | LAD 指令 | 功 能 说 明 |
|---|---|---|---|
| SQRT<br>EN ENO<br>??? — IN OUT — ??? | 求浮点数的平方根 | ASIN<br>EN ENO<br>??? — IN OUT — ??? | 求反正弦值：<br>求一个定义在 -1≤输入值≤1 范围内的浮点数反正弦值 |
| SQR<br>EN ENO<br>??? — IN OUT — ??? | 求浮点数的平方 | ACOS<br>EN ENO<br>??? — IN OUT — ??? | 求反余弦值：求一个定义在 -1≤输入值≤1 范围内的浮点数反余弦值 |
| | | ATAN<br>EN ENO<br>??? — IN OUT — ??? | 求反正切值：求浮点数的反正切值 |

## 13.3.5 字逻辑运算指令

字逻辑运算指令如表 13-7 所示。

表 13-7 字逻辑运算指令

| WAND_W 字与运算 | 功 能 | WAND_DW 双字与运算 | 功 能 |
|---|---|---|---|
| WAND_W<br>EN ENO<br>??? — IN1 OUT — ???<br>??? — IN2 | IN1 和 IN2 两个字的每一位进行逻辑与运算，结果送 OUT | WAND_DW<br>EN ENO<br>??? — IN1 OUT — ???<br>??? — IN2 | IN1 和 IN2 两个双字的每一位进行逻辑与运算，结果送 OUT |
| WOR_W 字或运算 | 功 能 | WOR_DW 双字或运算 | 功 能 |
| WOR_W<br>EN ENO<br>??? — IN1 OUT — ???<br>??? — IN2 | IN1 和 IN2 两个字的每一位进行逻辑或运算，结果送 OUT | WOR_DW<br>EN ENO<br>??? — IN1 OUT — ???<br>??? — IN2 | IN1 和 IN2 两个双字的每一位进行逻辑或运算，结果送 OUT |
| WXOR_W 字异或运算 | 功 能 | WXOR_DW 双字异或运算 | 功 能 |
| WXOR_W<br>EN ENO<br>??? — IN1 OUT — ???<br>??? — IN2 | IN1 和 IN2 两个字的每一位进行逻辑异或运算，结果送 OUT | WXOR_DW<br>EN ENO<br>??? — IN1 OUT — ???<br>??? — IN2 | IN1 和 IN2 两个双字的每一位进行逻辑异或运算，结果送 OUT |

说明：字逻辑运算指令可以使用的存储区是 I、Q、M、L、D。

## 13.3.6　比较指令

STEP7 提供的比较指令如表 13-8 所示。

表 13-8　比较指令

| 功　能 | 整 数 比 较 | 长整数比较 | 实 数 比 较 |
|---|---|---|---|
| 等于（EQ） | CMP==I<br>??? — IN1<br>??? — IN2 | CMP==D<br>??? — IN1<br>??? — IN2 | CMP==R<br>??? — IN1<br>??? — IN2 |
| 不等于（NE） | CMP<>I<br>??? — IN1<br>??? — IN2 | CMP<>D<br>??? — IN1<br>??? — IN2 | CMP<>R<br>??? — IN1<br>??? — IN2 |
| 大于（GT） | CMP>I<br>??? — IN1<br>??? — IN2 | CMP>D<br>??? — IN1<br>??? — IN2 | CMP>R<br>??? — IN1<br>??? — IN2 |
| 小于（LT） | CMP<I<br>??? — IN1<br>??? — IN2 | CMP<D<br>??? — IN1<br>??? — IN2 | CMP<R<br>??? — IN1<br>??? — IN2 |
| 大于等于<br>（GE） | CMP>=I<br>??? — IN1<br>??? — IN2 | CMP>=D<br>??? — IN1<br>??? — IN2 | CMP>=R<br>??? — IN1<br>??? — IN2 |
| 小于等于（LE） | CMP<=I<br>??? — IN1<br>??? — IN2 | CMP<=D<br>??? — IN1<br>??? — IN2 | CMP<=R<br>??? — IN1<br>??? — IN2 |

　　注意：比较指令只能将两个相同类型数据进行比较，不同类型的数据一定要进行数据类型的转换后才能比较。若比较的结果为"真"，输出为"1"。以"小于（LT）"为例，当 IN1 端的数据小于 IN2 端的数据时，输出为"1"，否则输出为"0"。

## 13.4　项目解决步骤

**步骤 1．输入/输出信号器件分析**

输入：M1 启动按钮 SB1；M1 停止按钮 SB2；M2 启动按钮 SB3；M2 停止按钮 SB4；传送带 1 传感器 PS1；传送带 2 传感器 PS2。

输出：仓库空指示灯 HL1；≥20%指示灯 HL2；≥40%指示灯 HL3；≥60%指示灯 HL4；≥80%指示灯 HL5；仓库满指示灯 HL6；M1 电动机接触器 KM1 线圈；M2 电动机接触器 KM2 线圈。

**步骤 2．硬件组态（参见项目 3）**

**步骤 3．输入/输出地址分配表**

输入/输出地址分配见表 13-9。

表 13-9　输入/输出地址分配表

| 序　号 | 输入信号器件名称 | 编程元件地址 | 序　号 | 输出信号器件名称 | 编程元件地址 |
|---|---|---|---|---|---|
| 1 | M1 启动按钮 SB1（常开触点） | I0.0 | 1 | M1 接触器 KM1 线圈 | Q4.0 |
| 2 | M1 停止按钮 SB2（常开触点） | I0.1 | 2 | M2 接触器 KM2 线圈 | Q4.1 |
| 3 | M2 启动按钮 SB3（常开触点） | I0.2 | 3 | 仓库空指示灯 HL1 | Q4.2 |
| 4 | M2 停止按钮 SB4（常开触点） | I0.3 | 4 | ≥20%指示灯 HL2 | Q4.3 |
| 5 | 传送带 1 传感器 PS1（常开触点） | I0.4 | 5 | ≥40%指示灯 HL3 | Q4.4 |
| 6 | 传送带 2 传感器 PS2（常开触点） | I0.5 | 6 | ≥60%指示灯 HL4 | Q4.5 |
|  |  |  | 7 | ≥80%指示灯 HL5 | Q4.6 |
|  |  |  | 8 | 仓库满指示灯 HL6 | Q4.7 |

**步骤 4．接线图**

货物转运仓库控制接线图 13-6 所示。

图 13-6　货物转运仓库控制接线图

## 步骤 5. 建立符号表

货物转运仓库符号表如图 13-7 所示。

| | 状态 | 符号 | 地址 | | 数据类型 | 注释 |
|---|---|---|---|---|---|---|
| 1 | | 启动SB1（常开） | I | 0.0 | BOOL | |
| 2 | | 启动SB3（常开） | I | 0.2 | BOOL | |
| 3 | | 停止SB2（常开） | I | 0.1 | BOOL | |
| 4 | | 停止SB4（常开） | I | 0.3 | BOOL | |
| 5 | | 传感器PS1（常开） | I | 0.4 | BOOL | |
| 6 | | 传感器PS2（常开） | I | 0.5 | BOOL | |
| 7 | | M1电机KM1线圈 | Q | 4.0 | BOOL | |
| 8 | | M2电机KM2线圈 | Q | 4.1 | BOOL | |
| 9 | | 仓库空HL1 | Q | 4.2 | BOOL | |
| 10 | | 仓库满指示灯HL6 | Q | 4.7 | BOOL | |
| 11 | | ≥20%指示灯HL2 | Q | 4.3 | BOOL | |
| 12 | | ≥40%指示灯HL3 | Q | 4.4 | BOOL | |
| 13 | | ≥60%指示灯HL4 | Q | 4.5 | BOOL | |
| 14 | | ≥80%指示灯HL5 | Q | 4.6 | BOOL | |

图 13-7　货物转运仓库符号表

## 步骤 6. 编写货物转运仓库控制程序

货物转运程序讲解

货物转运仓库控制程序如图 13-8 所示。为了程序调试方便将 900 件物品改为 20 件。

程序段1:传送带1

```
    I0.0            I0.1                          Q4.0
 "启动SB1（       "停止SB2（                    "M1电动机KM1
  常开）"          常开）"                         线圈"
   ┤├              ┤/├                            （ ）
    Q4.0
 "M1电动机KM1
   线圈"
   ┤├
```

程序段2:传送带2

```
    I0.2            I0.3                          Q4.1
 "启动SB3（       "停止SB4（                    "M2电动机KM2
  常开）"          常开）"                         线圈"
   ┤├              ┤/├                            （ ）
    Q4.1
 "M2电动机KM2
   线圈"
   ┤├
```

图 13-8　货物转运仓库控制程序

程序段3：

程序段4：16位整数转换为32位整数

程序段5：双整数转换为实数

程序段6：

程序段7：

图 13-8　货物转运仓库控制程序（续）

程序段8:

程序段 9:

程序段 10:

程序段 11:

程序段 12:

图 13-8  货物转运仓库控制程序（续）

### 步骤 7．PLCSIM 仿真调试程序

模拟调试物品入库，按下启动按钮 SB1，在仿真器 I0.0 上双击，Q4.0 为 "1"，表示传送带 1 启动运行，初始库存为空，Q4.2 为 "1"，仓库空指示灯 HL1 亮。

物品经过光电传感器 PS1 时，仓库区库存增加，增加到 4 件时，Q4.3 为 "1"，库存≥20% 指示灯 HL2 亮。如图 13-9 所示。

图 13-9　物品入库 4 件

物品入库 10 件，Q4.4 为 "1"，库存≥40%指示灯 HL3 亮，如图 13-10 所示。

图 13-10　物品入库 10 件

物品入库 17 件，Q4.6 为 "1"，库存≥80%指示灯 HL5 亮，如图 13-11 所示。

图 13-11 物品入库 17 件

当传送带 M2 电动机运行，物品出库，物品数减少至 15 件时，Q4.5 为"1"，库存≥60% 指示灯 HL4 亮，如图 13-12 所示。

图 13-12 物品数减少至 15 件

物品入库 20 件，Q4.7 为"1"，仓库满指示灯 HL6 亮。

如果满足上述情况，说明仿真调试成功，进入联机调试。如果不满足上述情况，检查原因，修改程序，重新调试，直到仿真调试成功。

**步骤 8. 联机调试**

确保连线正确的情况下，下载硬件组态和程序等到真实 PLC 中（参见 5.3.6 真实 S7-300 PLC 的 PC 适配器下载），然后按下面要求调试。

启动按钮 SB1 按下，传送带 1 的电动机 M1 启动运行，传送带 1 两侧光电传感器 PS1 能检测到入库的物品。

启动按钮 SB3 按下，传送带 2 的电动机 M2 启动运行，传送带 2 两侧光电传感器 PS2 能检测到出库的物品。

当仓库存储区物品个数达到相应的比例，相应比例指示灯亮，即仓库的物品数可通过 6 个指示灯来显示：仓库空指示灯 HL1，≥20%指示灯 HL2，≥40%指示灯 HL3，≥60%指示灯 HL4，≥80%指示灯 HL5，仓库满指示灯 HL6。

按下停止按钮 SB2，停止电动机 M1。按下停止按钮 SB4，停止电动机 M2。

满足上述要求，说明调试成功。如果不能满足要求，检查原因，修改程序，重新调试，直到满足要求为止。

# 巩固练习十三

## 1．PLC 控制的水果自动装箱生产线

水果自动装箱生产线见图 13-13。

（1）按下"启动"按钮，传送带 2 启动，将包装箱送到指定位置。

（2）当光电传感器 PS2 检测到包装箱到达指定位置后，传送带 2 停止。

（3）等待一秒后，传送带 1 自动启动，水果逐一落入箱，同时光电传感器 PS1 进行计数检测。

（4）当落入包装箱内的水果达到 10 个时，传送带 1 停止，并且传送带 2 自动启动。

（5）按下"停止"按钮，传送带全部停止。

（6）可以手动对计数值清零（复位）。

图 13-13　水果自动装箱生产线示意图

要求：

（1）完成输入/输出信号器件分析。

（2）完成硬件组态及 I/O 地址分配。

（3）画出接线图。

（4）建立符号表。

（5）编写控制程序。

（6）调试控制程序。

### 2．药片自动装瓶

按下选择按钮 SB1，指示灯 HL1 亮，表示当前选择每瓶装入 3 片；按下选择按钮 SB2，指示灯 HL2 亮，表示当前选择每瓶装入 5 片；按下选择按钮 SB3，指示灯 HL3 亮，表示当前选择每瓶装入 7 片；当选定要装入瓶中的药片数量后，按下系统"启动"按钮 SB4，电动机 M 驱动传送带运转，通过光电传感器 PS2 检测到传送带上的药瓶到达装瓶的位置，传送带停止运转。

当电磁阀 YV 打开装有药片的装置后，通过光电传感器 PS1，对进入到药瓶的药片进行计数，当药瓶中的药片达到预先选定的数量后，电磁阀 YV 关闭，传送带重新自动启动，药片装瓶过程自动连续地运行。

如果当前的装药过程正在进行时，需要改变药片装入数量，则只有在当前药瓶装满后，从下一个药瓶开始装入改变后的数量。

如果在装药过程中按下"停止"按钮 SB5，则在当前药瓶装满后，系统停止运行。

如果在装药过程中按下"紧急停止"按钮 SB6，系统立刻停止运行。

药片自动装瓶系统如图 13-14 所示。

图 13-14　药片自动装瓶系统示意图

要求：

（1）完成输入/输出信号器件分析。

（2）完成硬件组态及 I/O 地址分配。

（3）画出接线图。

（4）建立符号表。

（5）编写控制程序。

（6）调试控制程序。

### 3. 利用 PLC 实现对洗衣机的控制

按下启动按钮 SB1，进水到达高水位，开始洗涤。洗涤时正转 30 秒，停 2 秒，然后反转 30 秒，停 2 秒。如此循环 3 次后洗衣机停止旋转，开始排水，排水到低水位后，须将所洗衣服人工拿到脱水桶中，按下脱水启动按钮 SB2，开始脱水 30 秒，脱水 30 秒后洗衣机开始自动报警 3 秒并自动关机。按下排水按钮 SB4 可手动排水。任何时刻按下停止按钮 SB3，可以停止洗衣机工作。

要求：

（1）完成输入/输出信号器件分析。

（2）完成硬件组态及 I/O 地址分配。

（3）画出接线图。

（4）建立符号表。

（5）编写控制程序。

（6）调试控制程序。

### 4. 自动停车场 PLC 控制

某停车场最多可停 50 辆车，如图 13-15 所示，用两位数码管显示停车数量，用出入传感器检测进出车辆，每进一辆车，经过入口栏外传感器和入口栏内传感器，停车数量增 1，单经过一个传感器则停车数量不增。每出一辆车，经过出口栏内传感器和出口栏外传感器，停车数量减 1。单经过一个传感器则停车数量不减。场内停车数量小于 45 时，入口处绿灯亮，允许入场；大于或等于 45 但小于 50 时，绿灯闪烁，提醒待进场车辆司机注意将满场，等于 50 时，红灯亮，禁止车辆入场。

图 13-15　自动停车场示意图

如果有车进停车场，车到入口栏外传感器处，入口栏杆抬起，车通过入口栏内传感器后延时 10 秒，10 秒后入口栏杆放下；如果有车出停车场，车到出口栏内传感器处，出口栏杆抬起，车通过出口栏外传感器后延时 10 秒，10 秒后出口栏杆放下。

### 5．设计加热控制程序

某工厂生产的两种型号工件所需加热时间为 40 秒和 60 秒，使用两个开关来控制定时器的设定值，每一个开关对应一个设定值；用启动按钮和接触器控制加热炉的通断。请用传送指令设计该程序。

### 6．设计指示灯控制程序

设有 8 盏指示灯，控制要求是：当 I0.0 接通时，全部灯亮；当 I0.1 接通时，奇数灯亮；当 I0.2 接通时，偶数灯亮；当 I0.3 接通时，全部灯灭。试编写程序。

### 7．设计加热器的单按钮功率控制

有 7 个功率调节挡位，大小分别是 0.5 kW、1 kW、1.5 kW、2 kW、2.5 kW、3 kW 和 3.5 kW，由一个功率调节按钮 SB1 和一个停止按钮 SB2 控制。第一次按下 SB1 时，功率为 0.5 kW，第 2 次按下 SB1 时功率为 1 kW，第 3 次按下 SB1 时功率为 1.5kW，……，第 8 次按下 SB1 或随时按下 SB2 时，停止加热。Q4.0、Q4.1、Q4.2、……分别代表 0.5 kW、1 kW、2 kW、……加热器。

### 8．四层电梯 PLC 控制

电梯的种类很多，按速度分低速电梯、快速电梯、高速电梯。按拖动方式分交流电梯、直流电梯、液压电梯、齿轮齿条电梯等。随着 PLC 控制技术的普及，大大提高了系统的可靠性，减小了控制装置的体积。

**电梯各部件功能简介：**

电梯的控制部件分布于电梯轿厢的内部和外部，在电梯轿厢内部，如图 13-16 所示，有四个楼层（一至四层）的按钮（称为内呼按钮）、开门和关门按钮、楼层显示器（指明当前电梯轿厢所处的位置）、上升和下降显示器（用来显示电梯现在所处的状态，即电梯是上升还是下降）；在电梯轿厢的外部共分四层，每层都有呼叫按钮（是乘客用来发出呼叫的工具）、呼叫指示灯、上升和下降指示灯，以及楼层显示器。四层楼电梯中，一层只有上呼叫按钮，四层只有下呼叫按钮，其余两层都同时具有上呼叫和下呼叫按钮。而上升、下降指示灯及楼层显示器各层应相同。

**电梯的控制要求如下：**

（1）当电梯运行到指定位置后，在电梯内部按下开门按钮，则门打开，按下电梯内部的关门按钮，则电梯门关闭。但在轿厢运动期间电梯门是不能打开的。

（2）接收每个呼叫按钮（包括内部与外部的呼叫）的呼叫命令并响应。

（3）电梯停在某一层（如第三层）时，此时按下该层呼叫按钮（上呼叫或下呼叫），则相当于发出打开电梯门的命令，执行开门动作过程；若此时电梯的轿厢不在该层（在一、二、四层），则等到电梯关门后，按照不换向原则控制电梯向上或向下运行。

（4）电梯运行的不换向原则是指电梯优先响应不改变电梯现在运行方向的呼叫，直到这些命令全部响应完毕后才响应使电梯反方向运行的呼叫。例如，现在电梯的位置在二层和三层之间上行，此时出现了一层上呼叫、二层下呼叫和三层上呼叫，则电梯首先响应三层上呼叫，然后响应二层下呼叫和一层上呼叫。

（5）电梯在每一层都有一个行程开关，当电梯碰到某层的行程开关时，表示电梯已经到达该层。

（6）当按下某个呼叫按钮后，相应的呼叫指示灯亮并保持，直到电梯响应该呼叫为止。

（7）当电梯运行到某层后，相应的楼层指示灯亮，直到电梯运行到其他楼层后，楼层指示灯改变。

**设计方案提示：**

一台实际的电梯控制是很复杂的，涉及的内容很多，需要的输入输出点数也很多，这里通过教学用的模型电梯来完成设计。前面所提的要求只是一般的要求，可根据模型电梯的具体功能，增删控制任务。

图 13-16　四层电梯示意图

# 项目 14  机械手 PLC 控制

## 14.1  项目要求

在生产线上，经常使用机械手完成工件的搬运工作，图 14-1 为机械手工作过程示意图，工作任务是将传送带 A 送来的工件搬运到传送带 B 上。

图 14-1  机械手工作过程示意图

**1. 机械手的三种运行方式：自动运行、单周期运行和手动运行**

1）机械手的自动运行

当机械手在原点时，按下启动按钮，传送带 A 启动运行。当光电开关 PS 检测到工件时，传送带 A 停止运行，自动启动机械手下降，下降到位时，碰到下降极限开关，机械手停止下降，同时接通夹紧/放松电磁阀线圈。

当夹紧到位时，压力继电器接点常开触点闭合，接通上升电磁阀线圈。

上升到位时，碰到上升极限开关，机械手停止上升，同时接通右旋转电磁阀线圈。

右旋转到位时，碰到右旋转极限开关，停止右旋转，同时接通下降电磁阀线圈，机械手下降，下降到位时，碰到下降极限开关，停止下降，同时断开夹紧/放松电磁阀线圈，机械手开始放松工件，放松时间为 5 秒。

5 秒后自动启动机械手上升，上升到位，碰到上升极限开关，机械手停止上升，同时接通左旋转电磁阀线圈。

左旋转到位，碰到左旋转极限开关，停止左旋转，回到原点，再次自动启动传送带A，当光电开关 PS 检测到工件后，又开始重复上述动作。机械手动作流程如下：

原点→下降→夹紧→上升→右旋转

   ↑                                 ↓

左旋转← 上升 ← 放松← 下降

2）机械手的单周期运行

机械手的单周期运行是指按下单周期启动按钮后，机械手从原点开始下降，完成上述一个机械手动作流程后停止运行。若要求机械手继续工作，要再次按下单周期启动按钮。

3）机械手的手动运行

机械手的手动运行是指机械手的上升、下降、左旋转、右旋转均通过对应的手动操作按钮来控制，与操作顺序无关。夹紧/放松操作通过手动操作开关来控制。

机械手的单周期运行与手动运行均用于设备检修和调整。

### 2. 控制要求

机械手原点位置在左极限与上极限处。

在传送带 A 的端部，安装了光电开关 PS，用以检测工件的到来。当光电开关检测到工件时为 ON 状态。

机械手在原点时，按下自动启动按钮，传送带 A 启动，当光电开关检测到工件时，传送带 A 停止。传送带 A 停止后，机械手进行一次动作流程，将工件从传送带 A 搬运到传送带 B 上。机械手返回原点后，自动再启动传送带 A 运行，重复机械手动作流程。

按下正常停止按钮后，必须等到当前机械手动作流程完成后，机械手返回原点，才停止工作。

机械手上升/下降和左旋转/右旋转的执行机构均采用双线圈三位五通中封式电磁阀驱动液压装置来完成，每个线圈完成一个动作。夹紧/放松由单线圈两位电磁阀驱动液压装置来完成，线圈通电时执行夹紧工件动作，线圈断电时执行放松工件动作。

## 14.2　学习目标

（1）掌握机械手工作原理。

（2）掌握移位指令和循环移位指令的应用。

（3）掌握查找与替换的应用。

（4）掌握交叉参考及分配的应用。

（5）提高编程与调试能力。

## 14.3　相关知识

### 14.3.1　移位和循环移位指令

移位和循环移位指令见表 14-1。

表 14-1　移位和循环移位指令

| 名称 | LAD 指令 | 参数 | 数据类型 | 功能说明 |
|---|---|---|---|---|
| 有符号整数右移 | SHR_I<br>EN　ENO<br>???—IN　OUT—???<br>???—N | EN | BOOL | 有符号整数右移：当 EN 为"1"时，将 IN 中的整数向右移动 N 位，送 OUT。正数右移后空出的位补 0，负数右移后空出的位补 1，向右移出位丢失 |
|  |  | ENO | BOOL |  |
|  |  | IN | INT |  |
|  |  | N | WORD |  |
|  |  | OUT | INT |  |
| 有符号长整数右移 | SHR_DI<br>EN　ENO<br>???—IN　OUT—???<br>???—N | EN | BOOL | 有符号长整数右移：当 EN 为"1"时，将 IN 中的长整数向右移动 N 位，送 OUT。正数右移后空出的位补 0，负数右移后空出的位补 1，向右移出位丢失 |
|  |  | ENO | BOOL |  |
|  |  | IN | DINT |  |
|  |  | N | WORD |  |
|  |  | OUT | DINT |  |
| 无符号字型左移 | SHL_W<br>EN　ENO<br>???—IN　OUT—???<br>???—N | EN | BOOL | 无符号字型数据左移：当 EN 为"1"时，将 IN 中的字型数据向左移动 N 位，送 OUT。左移后空出的位补 0，向左移出位丢失 |
|  |  | ENO | BOOL |  |
|  |  | IN | WORD |  |
|  |  | N | WORD |  |
|  |  | OUT | WORD |  |
| 无符号字型右移 | SHR_W<br>EN　ENO<br>???—IN　OUT—???<br>???—N | EN | BOOL | 无符号字型数据右移：当 EN 为"1"时，将 IN 中的字型数据向右移动 N 位，送 OUT。右移空出的位补 0，向右移出位丢失 |
|  |  | ENO | BOOL |  |
|  |  | IN | WORD |  |
|  |  | N | WORD |  |
|  |  | OUT | WORD |  |
| 无符号双字型左移 | SHL_DW<br>EN　ENO<br>???—IN　OUT—???<br>???—N | EN | BOOL | 无符号双字型数据左移：当 EN 为"1"时，将 IN 中的双字型数据向左移动 N 位，送 OUT。左移后空出的位补 0，向左移出位丢失 |
|  |  | ENO | BOOL |  |
|  |  | IN | DWORD |  |
|  |  | N | WORD |  |
|  |  | OUT | DWORD |  |
| 无符号双字型右移 | SHR_DW<br>EN　ENO<br>???—IN　OUT—???<br>???—N | EN | BOOL | 无符号双字型数据右移：当 EN 为"1"时，将 IN 中的双字型数据向右移动 N 位，送 OUT。右移后空出的位补 0，向右移出位丢失 |
|  |  | ENO | BOOL |  |
|  |  | IN | DWORD |  |
|  |  | N | WORD |  |
|  |  | OUT | DWORD |  |
| 双字循环左移 | ROL_DW<br>EN　ENO<br>???—IN　OUT—???<br>???—N | EN | BOOL | 无符号双字型数据循环左移：当 EN 为"1"时，将 IN 中的双字型数据向左循环移动 N 位后送 OUT。每次将最高位移出后，将其移进到最低位 |
|  |  | ENO | BOOL |  |
|  |  | IN | DWORD |  |
|  |  | N | WORD |  |
|  |  | OUT | DWORD |  |
| 双字循环右移 | ROR_DW<br>EN　ENO<br>???—IN　OUT—???<br>???—N | EN | BOOL | 无符号双字型数据循环右移：当 EN 为"1"时，将 IN 中的双字型数据向右循环移动 N 位后送 OUT。每次将最低位移出后，将其移进到最高位 |
|  |  | ENO | BOOL |  |
|  |  | IN | DWORD |  |
|  |  | N | WORD |  |
|  |  | OUT | DWORD |  |

说明：表 14-1 可使用的存储区是 I、Q、M、D、L。

## 14.3.2　移位和循环移位指令举例

例 1．有符号数右移 4 位过程：

一个有符号数，最高位是符号位 1，右移 4 位后，空出的位补 1，移出位丢失。如图 14-2 所示。

例 2．无符号数左移 4 位和右移 4 位过程：

一个无符号数左移 4 位过程如图 14-3 所示。

一个无符号数右移 4 位过程如图 14-4 所示。

图 14-2　一个有符号数右移 4 位

图 14-3　一个无符号数左移 4 位

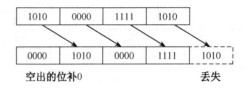

图 14-4　一个无符号数右移 4 位

例 3．循环移位过程：

循环左移 4 位过程如图 14-5 所示。

图 14-5　循环左移 4 位

循环右移 4 位过程如图 14-6 所示。

图 14-6　循环右移 4 位

例 4．移位和循环移位指令在 EN 端接通时执行，由于 PLC 采用循环扫描的工作方式，按钮按下一次的时间内，可能循环扫描很多次了，移位指令被执行很多次了。例如无符号字型数据右移，每执行一次，MW10 内容右移 1 位，这样 MW10 内容很快变为全 0 状态。如果让按钮按下一次，移位指令被执行一次，采取在 I0.0 常开触点后加正跳沿检测指令，如图 14-7

所示。

图 14-7　移位指令

# 14.4　项目解决步骤

**步骤 1. 输入/输出信号器件分析**

输入信号器件：自动启动按钮 SB1；单周期启动按钮 SB2；手动选择开关 SA1；正常停止按钮 SB3；上升极限开关 SQ2；下降极限开关 SQ1；左旋转极限开关 SQ4；右旋转极限开关 SQ3；压力继电器 KA 接点；光电开关 PS；手动上升按钮 SB5；手动下降按钮 SB6；手动左旋转按钮 SB7；手动右旋转按钮 SB8；手动夹紧/放松开关 SA2；紧急停止按钮 SB10。

输出信号器件：传送带 A 接触器 KM 线圈；左旋转电磁阀 YV5 线圈；右旋转电磁阀 YV4 线圈；夹紧/放松电磁阀 YV2 线圈；上升电磁阀 YV3 线圈；下降电磁阀 YV1 线圈。

**步骤 2. 硬件组态（参见项目 3）**

**步骤 3. 输入/输出地址分配**

外部设备的输入/输出地址分配如表 14-2 和表 14-3 所示。

表 14-2　输入地址分配表

| 序号 | 输入信号器件名称 | 编程元件地址 | 序号 | 输入信号器件名称 | 编程元件地址 |
|---|---|---|---|---|---|
| 1 | 自动启动按钮 SB1（常开触点） | I0.0 | 9 | 压力继电器 KA 接点（常开触点） | I1.0 |
| 2 | 单周期启动按钮 SB2（常开触点） | I0.1 | 10 | 光电开关 PS（常开触点） | I1.1 |
| 3 | 手动选择开关 SA1（常开触点） | I0.2 | 11 | 手动上升按钮 SB5（常开触点） | I1.2 |
| 4 | 正常停止按钮 SB3（常开触点） | I0.3 | 12 | 手动下降按钮 SB6（常开触点） | I1.3 |
| 5 | 上升极限开关 SQ2（常开触点） | I0.4 | 13 | 手动左旋转按钮 SB7（常开触点） | I1.4 |
| 6 | 下降极限开关 SQ1（常开触点） | I0.5 | 14 | 手动右旋转按钮 SB8（常开触点） | I1.5 |
| 7 | 左旋转极限开关 SQ4（常开触点） | I0.6 | 15 | 手动夹紧/放松开关 SA2（常开触点） | I1.6 |
| 8 | 右旋转极限开关 SQ3（常开触点） | I0.7 | 16 | 紧急停止按钮 SB10（常闭触点） | I1.7 |

表 14-3　输出地址分配表

| 序号 | 输出信号器件名称 | 编程元件地址 | 序号 | 输出信号器件名称 | 编程元件地址 |
|---|---|---|---|---|---|
| 1 | 传送带 A 接触器 KM 线圈 | Q4.0 | 4 | 夹紧/放松电磁阀 YV2 线圈 | Q4.3 |
| 2 | 左旋转电磁阀 YV5 线圈 | Q4.1 | 5 | 上升电磁阀 YV3 线圈 | Q4.4 |
| 3 | 右旋转电磁阀 YV4 线圈 | Q4.2 | 6 | 下降电磁阀 YV1 线圈 | Q4.5 |

**步骤 4. 接线图**

机械手 PLC 控制接线图如图 14-8 所示。

图 14-8　机械手 PLC 控制接线图

## 步骤 5. 建立符号表

机械手 PLC 控制符号表如图 14-9 所示。

| | 状态 | 符号 | 地址 | | 数据类型 | 注释 |
|---|---|---|---|---|---|---|
| 1 | | 传送带 A | Q | 4.0 | BOOL | |
| 2 | | 单周期启动 | I | 0.1 | BOOL | |
| 3 | | 光电开关 | I | 1.1 | BOOL | |
| 4 | | 夹紧/放松 | Q | 4.3 | BOOL | |
| 5 | | 紧急停止 | I | 1.7 | BOOL | |
| 6 | | 上升 | Q | 4.4 | BOOL | |
| 7 | | 上限开关 | I | 0.4 | BOOL | |
| 8 | | 手动上升 | I | 1.2 | BOOL | |
| 9 | | 手动下降 | I | 1.3 | BOOL | |
| 10 | | 手动选择 | I | 0.2 | BOOL | |
| 11 | | 手动右转 | I | 1.5 | BOOL | |
| 12 | | 手动夹紧/放松 | I | 1.6 | BOOL | |
| 13 | | 手动左转 | I | 1.4 | BOOL | |
| 14 | | 下降 | Q | 4.5 | BOOL | |
| 15 | | 下限开关 | I | 0.5 | BOOL | |
| 16 | | 压力接点 | I | 1.0 | BOOL | |
| 17 | | 右限开关 | I | 0.7 | BOOL | |
| 18 | | 右转 | Q | 4.2 | BOOL | |
| 19 | | 正常停止 | I | 0.3 | BOOL | |
| 20 | | 自动启动 | I | 0.0 | BOOL | |
| 21 | | 左限开关 | I | 0.6 | BOOL | |
| 22 | | 左转 | Q | 4.1 | BOOL | |

图 14-9　机械手 PLC 控制符号表

机械手程序讲解

### 步骤 6. 编写机械手控制程序

用移位指令编写控制程序如图 14-10 所示。使用移位指令时，最关键的是设计移位脉冲控制程序，移位脉冲是由 M12.0 发出的，每当机械手完成一个动作时，M12.0 就发出一个移位脉冲，移位过程是在 MW10 中进行的，如图 14-11 所示。

程序段1：正常停止控制和单周期控制

```
      I0.3
     "正常停止"                                           M0.5
      ─┤├─┬─────────────────────────────────────────────( S )─
           │
      I0.1 │
     "单周期启
      动"  │
      ─┤├──┘
```

程序段2：自动启动控制

```
      I0.0
     "自动启动"                                            M0.5
      ─┤├───────────────────────────────────────────────( R )─
```

程序段3：传送带A控制

```
      I0.0                            I1.1      I1.7       Q4.0
     "自动启动"                    "光电开关"  "紧急停止"  "传送带A"
      ─┤├──┬────────────────────────┤/├──────┤├──────────( )─
           │
     M10.0 │ M0.5
      ─┤├──┤ ─┤/├
           │
      Q4.0 │
     "传送带A"│
      ─┤├───┤
           │
      I0.1 │
     "单周期启
      动"  │
      ─┤├──┘
```

程序段4：清零

```
      Q4.0
     "传送带A"    ┌─────────┐
      ─┤├────────┤  MOVE   ├────────────────────────────
                 │ EN   ENO│
               0─┤ IN   OUT├─MD10
                 └─────────┘
```

程序段5：

```
      Q4.0                  I1.7
     "传送带A"    M13.1   "紧急停止"   M13.2
      ─┤├───────(N)──┬──────┤├───────( )─
                     │
     M13.2           │
      ─┤├────────────┘
```

程序段6：MW10的最低位送1

```
     M13.2  M11.1  M11.2  M11.3  M11.4  M11.5  M11.6  M11.7  M10.0  M11.0
      ─┤├───┤/├───┤/├───┤/├───┤/├───┤/├───┤/├───┤/├───┤/├───( )─
```

图 14-10　机械手控制程序

程序段7:移位脉冲

```
          I0.5
M11.0    "下限开关"                              M12.0
 ┤├       ┤├──────────────────────────────────( )─┤

          I1.0
M11.1    "压力接点"
 ┤├       ┤├

          I0.4
M11.2    "上限开关"
 ┤├       ┤├

          I0.7
M11.3    "右限开关"
 ┤├       ┤├

          I0.5
M11.4    "下限开关"
 ┤├       ┤├

M11.5     T1
 ┤├       ┤├

          I0.4
M11.6    "上限开关"
 ┤├       ┤├

          I0.6
M11.7    "左限开关"
 ┤├       ┤├
```

程序段8:无符号数左移

```
 M12.0    M13.3      ┌─ SHL_W ─┐
  ┤├      ─(P)──── EN        ENO ──────────────
                    │            │
          MW10 ──── IN       OUT ── MW10
                    │            │
        W#16#1 ──── N          │
                    └──────────┘
```

程序段9:自动与手动下降

```
                      I1.7       Q4.4      Q4.5
 M11.0              "紧急停止"    "上升"     "下降"
  ┤├─────────┬─────── ┤├─────── ┤/├──────( )─┤
             │
 M11.4       │
  ┤├─────────┤
             │
  I0.2   I1.3│
"手动选择" "手动下降"
  ┤├──── ┤├──┘
```

程序段10:自动与手动夹紧

```
                                       Q4.3
                      I1.7           "夹紧/
 M11.1              "紧急停止"         放松"
  ┤├─────────┬─────── ┤├──────────────(S)─┤
             │
          I1.6│
 I0.2    "手动夹紧/
"手动选择" 放松"
  ┤├──── ┤├──┘
```

图 14-10   机械手控制程序（续 1）

程序段11：自动与手动放松

```
          I1.7        Q4.3
          "紧急停止"   "夹紧/放松"
M11.5
 ├┤────────────────────────────┤ ├────(R)──┤

     I1.6
     "手动夹紧/放松"
I0.2
"手动选择"             M13.4
 ├┤──────┤ ├──────(N)──┤
```

程序段12：自动与手动上升

```
          I1.7        Q4.5      Q4.4
          "紧急停止"   "下降"     "上升"
M11.2
 ├┤──────────────────┤ ├──────┤/├──────( )──┤
M11.6
 ├┤
I0.2      I1.2
"手动选择"  "手动上升"
 ├┤──────┤ ├
```

程序段13：自动与手动右旋转

```
          I1.7        Q4.1      Q4.2
          "紧急停止"   "左转"     "右转"
M11.3
 ├┤──────────────────┤ ├──────┤/├──────( )──┤
I0.2      I1.5
"手动选择"  "手动右转"
 ├┤──────┤ ├
```

程序段14：自动与手动左旋转

```
          I1.7        Q4.2      Q4.1
          "紧急停止"   "右转"     "左转"
M11.7
 ├┤──────────────────┤ ├──────┤/├──────( )──┤
I0.2      I1.4
"手动选择"  "手动左转"
 ├┤──────┤ ├
```

程序段15：机械手放松时间

```
M11.5                                  T1
 ├┤────────────────────────────────(SD)──┤
                                     S5T#5S
```

图 14-10　机械手控制程序（续 2）

图 14-11　MW10 组成

这里 MB10 是 MW10 的高位字节，MB11 是 MW10 的低位字节，MW10 的最低位是 M11.0，因此先要保证 M11.0 为"1"，然后通过无符号数字左移指令 SHL-W，在移位脉冲的控制下，依次进行移位操作，直至完成当前的机械手动作流程。如果没有按下停止按钮，则 M0.5 的常闭触点为接通状态，程序自动进入下一个工作循环周期。

按下停止按钮或选择单周期运行时，在当前工作周期结束后，尽管 M10.0 为"1"，但是 M0.5 为"1"，M0.5 常闭触点断开，传送带不能启动运行，机械手停止工作。在传送带运行信号的下降沿，将"1"送到 MW10 的最低位 M11.0。用于机械手下降和为 M12.0 线圈"得电"做准备。

**注意：** 双线圈电磁阀的两个线圈不允许同时得电，否则可能会造成电磁阀线圈烧毁。因此机械手上升电磁阀线圈和下降电磁阀线圈不能同时得电，机械手左旋转电磁阀线圈和右旋转电磁阀线圈也不能同时得电，于是在程序里都采用了输出线圈互锁。

### 步骤 7. 仿真调试程序

1）仿真调试自动运行

机械手在原点位置，左旋转极限开关闭合，I0.6 为"1"，上升极限开关闭合，I0.4 为"1"，紧急停止按钮是常闭触点，I1.7 为"1"。按下自动启动按钮，在仿真器 I0.0 上双击，Q4.0 显示为"1"，表示传送带 A 启动运行。如图 14-12 所示。

图 14-12　传送带 A 运行

当光电开关 PS 检测到有物品后，I1.1 为"1"，显示 Q4.0 为"0"，传送带 A 停止运行，在 Q4.0 的下降沿，使 M11.0 为"1"，Q4.5 为"1"，机械手执行下降动作。机械手离开上升极限开关，I0.4 为"0"。如图 14-13 所示。

图 14-13　机械手下降

机械手下降到位时，压合下降极限开关，I0.5 为 "1"，发出移位脉冲，使 M11.1 为 "1"，M11.0 为 "0"，机械停止下降，Q4.3 被置位，Q4.3 为 "1"，执行夹紧动作。如图 14-14 所示。

图 14-14　机械手夹紧

机械手夹紧到位时，压力继电器接点闭合，I1.0 为 "1"，又发出一个移位脉冲，使 M11.2 为 "1"，M11.1 为 "0"，此时 Q4.4 为 "1"，机械手夹着工件上升。离开下降极限开关，I0.5 为 "0"。如图 14-15 所示。

图 14-15　机械手夹紧并上升

机械手上升到位时，压合上升极限开关，I0.4 为 "1"，又发出一个移位脉冲，M11.3 为 "1"，M11.2 为 "0"，机械手停止上升；此时 Q4.2 为 "1"，机械手向右旋转；机械手离开左旋转极限开关，I0.6 为 "0"。如图 14-16 所示。

图 14-16　机械手夹紧并右转

机械手右旋转到位时，压合右旋转极限开关，I0.7 为"1"，又发出一个移位脉冲，M11.4 为"1"，M11.3 为"0"，机械手停止右旋转。此时 Q4.5 为"1"，机械手下降。离开上升极限开关，I0.4 为"0"。如图 14-17 所示。

图 14-17    机械手夹紧并下降

机械手下降到位时，压合下降极限开关，I0.5 为"1"，又发出一个移位脉冲，M11.5 为"1"，M11.4 为"0"，机械手停止下降。此时 Q4.3 被复位，机械手放开工件，压力继电器接点断开，I1.0 为"0"。如图 14-18 所示。

图 14-18    机械手放松工件

T1 定时 5 秒后，表示机械手放松到位，又发出一个移位脉冲，M11.6 为"1"，M11.5 为"0"，此时 Q4.4 为"1"，机械手执行上升动作。离开下降极限开关，I0.5 为"0"。如图 14-19 所示。

图 14-19    机械手上升

机械手上升到位时，压合上升极限开关，I0.4 为"1"，又发出一个移位脉冲，M11.7 为"1"，M11.6 为"0"，机械手停止上升。此时 Q4.1 为"1"，机械手执行左旋转动作。机械手离开右旋转极限开关，I0.7 为"0"。如图 14-20 所示。

图 14-20　机械手左转

机械手左旋转到位时，压合左旋转极限开关，I0.6 为"1"，又发出一个移位脉冲，M10.0 为"1"，M11.7 为"0"，机械手停止左旋转。此时机械手回到原点，只要在此之前没有按下停止按钮，M10.0 再次使 Q4.0 为"1"，传送带 A 自动启动运行，光电开关等待工件的到来，又开始机械手动作流程。Q4.0 为"1"后，清零 MD10。如图 14-21 所示。

图 14-21　传送带 A 自动启动

模拟按下正常停止按钮，在仿真器 I0.3 上双击，机械手完成当前机械手动作流程后，停止运行。

2）仿真调试单周期运行

按下单周期启动按钮，机械手从原点开始下降，完成上述一个机械手动作流程后停止运行。若要求机械手继续工作，要再次按下单周期启动按钮。

3）仿真调试手动运行

首先按下手动选择开关，然后按下手动上升、下降、左旋转、右旋转按钮，机械手完成相应的动作。按下手动夹紧/放松开关，即通过手动夹紧/放松开关接通，机械手完成夹紧动作，再按下手动夹紧/放松开关，即断开手动夹紧/放松开关，机械手完成放松动作。

如果满足上述情况，说明仿真调试成功，进入联机调试。如果不满足上述情况，检查原因，修改程序，重新调试，直到仿真调试成功。

**步骤 8. 联机调试**

完成这一步骤之前要关闭仿真器。确保连线正确的情况下，下载硬件组态和程序等到真实 PLC 中（参见 5.3.6 真实 S7-300 PLC 的 PC 适配器下载）。

1）联机调试自动运行

当机械手在原点时，按下启动按钮，传送带 A 启动运行。当光电开关 PS 检测到工件后，传送带 A 停止运行。自动启动机械手下降，下降到位时，碰到下降极限开关，机械手停止下降，同时机械手开始夹紧工件。

当夹紧到位时，机械手开始上升。

上升到位时，碰到上升极限开关，机械手停止上升，开始右旋转。

当右旋转到位时，碰到右旋转极限开关，停止右旋转，机械手下降，下降到位时，碰到下降极限开关，停止下降，机械手开始放松工件，放松时间为 5 秒。

5 秒后机械手自动启动上升，上升到位，碰到上升极限开关，机械手停止上升，开始左旋转。

左旋转到位，碰到左旋转极限开关，停止左旋转，回到原点，再次自动启动传送带 A，光电开关 PS 检测到工件后，又开始重复上述动作。

按下正常停止按钮，完成当前机械手动作流程后，系统停止运行。

2）联机调试单周期运行

按下单周期启动按钮后，机械手从原点开始下降，完成一个机械手动作流程后停止运行。

3）联机调试手动运行

首先按下手动选择开关，然后按下手动上升、下降、左旋转、右旋转按钮，机械手完成相应的动作。按下并接通手动夹紧/放松开关，机械手完成夹紧动作，再按下并断开手动夹紧/放松开关，机械手完成放松动作。

如果满足上述动作过程，说明联机调试成功。如果不能满足上述动作过程，检查原因，纠正错误，重新调试，直到满足项目要求为止。

# 14.5　知识拓展

## 14.5.1　编程界面的查找/替换

如果想找到某个地址，或者修改某个地址，这时可用查找/替换，用法如图 14-22 所示。

填写查找内容 Q4.0，从光标向上查找，如图 14-23 所示。还可以选择全部查找，从光标向下查找。

图 14-22　查找/替换界面

图 14-23　查找内容 Q4.0

查找内容填写"上升",从光标向下查找"上升",如图 14-24 所示。

图 14-24　光标向下查找内容"上升"

从光标向上查找"手动下降",替换为"手动下降按钮",如图 14-25 所示。

图 14-25　查找/替换

## 14.5.2　交叉参考与分配的使用

在 SIMATIC 管理器下，单击"选项"按钮，单击"参考数据"，单击"显示"，进入交叉参考，如图 14-26 所示。

单击"交叉参考"，单击"确定"按钮，如图 14-27 所示。

交叉参考界面中可以看到程序中用到哪些地址，这些地址在程序中处于哪个位置，详细情况如图 14-28 所示。

图 14-26　进入交叉参考

图 14-27　选择交叉参考

图 14-28　交叉参考界面

在交叉参考界面中可以查找内容，方法如图 14-29 所示。

图 14-29　在交叉参考界面中查找

在交叉参考中通过使用分配功能，了解程序中用了哪些地址，还有哪些地址没有使用。首先单击"视图"按钮，在下拉菜单中单击"分配"按钮，如图 14-30、图 14-31 所示。

图 14-30　使用分配（1）

图 14-31　使用分配（2）

# 巩固练习十四

## 1．工业铲车控制

用 PLC 对工业铲车操作进行控制，铲车可将货物铲起或放下，并能实现前进、后退、左转、右转的操作，要求动作过程如下：

铲起　→　向前 0.5 米　→　左转 90° 后向前 0.5 米　→　右转 90° 后向前 0.5 米　→右转 90° 后后退 0.5 米　→　放下。

控制要求：

铲车的铲起/放下、前进/后退、左转/右转均由电动机控制，分别通过相应的开关操作。铲起由压力传感器检测，放下由定时时间控制（2 秒），前进/后退、左转/右转的到位信号均由行程开关检测。每台电动机均有过载保护。

根据上述任务，完成以下内容：

要求：

（1）完成输入/输出信号器件分析。

（2）完成硬件组态及 I/O 地址分配。

（3）画出接线图。

（4）建立符号表。

（5）编写控制程序。

（6）调试控制程序。

## 2．彩灯循环 PLC 控制

八盏彩灯，用两个按钮控制，一个作为移位按钮，一个作为复位按钮，实现八盏彩灯单方向顺序逐个亮灭，当移位按钮按下时，彩灯从第一个灯开始向后逐个亮；按钮松开时，彩灯从第一个灯开始向后逐个灭。间隔时间为 0.5 秒，当复位按钮按下时，灯全灭。

## 3．四台水泵轮流运行 PLC 控制

由四台三相异步电动机 M1~M4 驱动四台水泵。正常要求两台运行，两台备用。为防止备用水泵长时间不用造成锈蚀等问题，要求四台水泵中两台运行，并间隔 6 小时切换一台，使四台水泵轮流运行。

## 4．改写程序

根据机械手控制项目的要求，通过项目 10 中学习的分部式编程方法来编写机械手控制，可将其程序结构分为主程序（组织块 OB1）、自动运行（包括单周期）子程序（功能 FC1）、手动控制子程序（功能 FC2）。

# 项目 15　工程数据转换器功能 FC105 应用

## 15.1　项目要求

温度传感器 Pt100 的工作范围为 0～100℃，可把 0～100℃温度通过变送器变成 0～10V 电压。可以通过 WinCC 画面显示温度值并且当温度大于 40℃时报警。

## 15.2　学习目标

（1）掌握 FC105 的应用。
（2）掌握 WinCC 中输入/输出域使用。
（3）巩固比较指令的使用。

## 15.3　相关知识

### 15.3.1　模拟量的检测

在工程实践中，除了要对开关量进行检测和控制外，还要经常对模拟量进行检测和控制。当系统的被控量是连续变化的物理量（例如温度、压力、流量、液位、转速、位移、角度、电流、电压等）时，就必须对这些模拟量进行检测和控制。

变送器的选择：为了将传感器检测到的电量或者非电量信号转换为标准的直流电流或者直流电压信号，需要用到变送器。变送器分为电流输出型（例如 4～20mA）和电压输出型（例如 0～10V）。

### 15.3.2　比例变换块 FC105 的调用

在 STEP 7 的编程中，有大量可直接调用的功能和功能块，对于检测模拟量的输入，可直接调用比例变换块 FC105（"SCALE CONVERT"），将变送器输出的标准电流（或电压）信号，变换为与实际测量值对应的数据。

在 STEP 7 编辑器界面中，在编程元件目录中找到"库"，在其中选择"Standard library"，再选择"TI-S7 Converting Blocks"，如图 15-2 所示。

在"TI-S7 Converting Blocks"中双击"FC105 SCALE CONVERT"，使其出现在程序段中，如图 15-2 所示。

图 15-1　选择 TI-S7 Converting Blocks

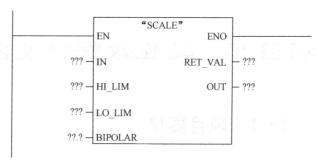

图 15-2　FC105 SCALE CONVERT

FC105 的功能是接收一个整型值（IN），并将其转换为以工程单位表示的介于上限（HI_LIM）和下限（LO_LIM）之间的实型值，结果写入 OUT。

FC105 端子参数使用如表 15-1 所示。

表 15-1　端子参数说明表

| 参　数 | 说　明 | 数 据 类 型 | 存 储 区 | 功 能 描 述 |
|---|---|---|---|---|
| EN | 输入 | BOOL | I、Q、M、D、L | 使能输入端，为"1"时激活该功能 |
| ENO | 输出 | BOOL | I、Q、M、D、L | 该功能执行无错误，使能输出信号状态为"1" |
| IN | 输入 | INT | I、Q、M、D、L、P、常数 | 模拟量输入通道地址 |
| HI_LIM | 输入 | REAL | I、Q、M、D、L、P、常数 | 变送器的上限值 |
| LO_LIM | 输入 | REAL | I、Q、M、D、L、P、常数 | 变送器的下限值 |
| BIPOLAR | 输入 | BOOL | I、Q、M、D、L | 测量信号的极性，单极性为"0"，双极性为"1" |
| OUT | 输出 | REAL | I、Q、M、D、L、P | 比例变换后的结果 |
| RET_VAL | 输出 | REAL | I、Q、M、D、L、P | 通过返回变量可以知道比例变换过程是否正常；返回值 W# 16#0000，表示该指令执行没有错误。其他值参见"错误信息" |

# 15.4　项目解决步骤

FC105 应用讲解

**步骤 1.　属性设置**

首先硬件组态（参见项目 3），然后双击 CPU 314C-2 DP 中的 AI5/AO2。如图 15-3 所示。

进入到属性画面，单击"地址"按钮，选择默认输入地址 PIW752，如图 15-4 所示。

单击"输入"按钮，选择 AI0 通道并设置电压 0~10V（单极性），单击"确定"按钮，如图 15-5 所示，然后回到硬件组态界面中单击"保存并编译"按钮。

**步骤 2.　编写程序**

变送器送过来 0~10V 电压，送到 AI0 通道，再到 PIW752，经过 FC105 变换后结果送到 MD40。MD40 得到的是温度值，大于 40℃报警灯闪烁，报警灯地址 Q5.0。上限是 100℃，下限是 0℃，编写程序如图 15-6 所示。

**步骤 3．下载硬件组态和程序等到仿真器中**

打开仿真器 S7-PLCSIM，选择 RUN-P，单击"SIMATIC 300"站点，单击"下载"按钮。

图 15-3　双击 AI5/AO2　　　　　　　　　图 15-4　地址设置

图 15-5　输入设置

**步骤 4．WinCC 画面的组态和调试过程**

新建变量，名称：温度；数据类型：浮点数 32 位 IEEE754；地址属性中，数据：位内存，地址：MD40，单击"确定"按钮。新建变量，名称：报警灯；数据类型：二进制变量；地址属性中，数据：输出，地址位：Q5.0，单击"确定"按钮。在画面右侧的智能对象中，单击输入/输出域，连接变量"温度"，更新选择 250 毫秒，类型选择"输出/输入"，单击"确定"按钮。用图形圆代表报警灯，对其设置。确认打开仿真器，然后在编辑画面中单击"保存"按钮，单击"激活"按钮后，通过仿真器送入数值，模拟变送器给 PLC 的 AI0 通道送入 0～10V 电压值，在 WinCC 画面中显示 0～100℃的温度值，如果温度大于 40℃，报警灯闪烁，如图 15-7 所示。

根据 WinCC 调试过程判断，如果程序满足要求，说明调试成功。如果不能满足要求，检查原因，纠正错误，重新调试，直到满足要求为止。

图 15-6　FC105 应用

图 15-7　显示温度与报警灯闪烁

# 巩固练习十五

（1）简述 FC105 的功能。

（2）如果把项目 15 中 AI0 通道改为 AI1 通道，温度改为超过 50℃报警，请学习者参照项目 15 完成。

# 项目 16  运煤输送 PLC 控制系统

## 16.1  项目要求

有一运煤输送系统，有四条传送带，分别由四台电动机控制，要求：

（1）每台电动机要求星—三角形（Y-△）降压启动。电源接触器和星形接触器接通 5 秒后，星形接触器断开，1 秒后三角形接触器接通。

（2）按下启动按钮 SB1，逆序启动：传送带 M4 电动机启动，10 秒后 M3 电动机启动，10 秒后 M2 电动机启动，10 秒后 M1 电动机启动。

（3）按下停止按钮 SB2，顺序停止：传送带 M1 电动机停止，10 秒后 M2 电动机停止，10 秒后 M3 电动机停止，10 秒后 M4 电动机停止。

（4）当系统中某台电动机过载时，停止所有电动机并且本电动机报警器响。

PLC 控制系统示意图如图 16-1 所示。

图 16-1  PLC 控制系统示意图

## 16.2  学习目标

（1）掌握局部变量声明表。

（2）掌握带参数的 FC 结构化编程方法。

（3）巩固编程与调试能力。

# 16.3 相关知识

## 16.3.1 逻辑块的结构

每个逻辑块前部都有一个变量声明表，称为局部变量声明表，用于对当前逻辑块控制程序所使用的局部数据进行声明。

局部数据分参数和局部变量两大类，局部变量包括静态变量和临时变量。

参数可在调用块和被调用块间传递数据，是逻辑块的接口。

静态变量和临时变量仅供逻辑块本身使用，不能作为不同程序块之间的数据接口。

局部变量声明表的说明如表 16-1 所示，在逻辑块中不使用的数据类型，可以不在声明表中声明。

表 16-1 局部变量声明表的说明

| 变 量 名 | 类 型 | 说 明 |
| --- | --- | --- |
| 输入参数 | IN | 由调用逻辑块的块提供数据输入给逻辑块 |
| 输出参数 | OUT | 向调用逻辑块的块返回参数 |
| I/O 参数 | IN/OUT | 参数的值由调用该块的其他块提供，由逻辑块处理修改，然后返回 |
| 静态变量 | STAT | 静态变量存储在背景数据块中，块调用结束后，其内容被保留 |
| 临时变量（暂态变量） | TEMP | 临时变量存储在 L 堆栈中，块执行结束，变量的值被其他内容覆盖而丢失 |

### 1. 形式参数

为保证 FC 和 FB 对同一类设备控制的通用性，用户在编程时就不能使用设备对应的存储区地址参数，即 PLC 实际输入、输出点对应地址，如 I0.0、I0.1、Q4.0、Q4.1、Q4.2，而要使用这类设备的抽象地址参数。这些参数称为形式参数，简称为形参。在调用功能 FC 或功能块 FB 时，将用实际参数代替形式参数，从而实现对具体设备的控制。

形参须在 FC、FB 的变量声明表中定义，实参在调用 FC、FB 时给出，在逻辑块的不同调用处，可以为形参提供不同的实参，实参的数据类型必须与形参一致。用户可以定义功能 FC 和功能块 FB 的输入值参数和输出值参数，也可以定义某个参数为输入/输出值。参数传递可以将调用块的信息传递给被调用块，也能把被调用块的运行结果返回给调用块。

### 2. 静态变量

静态变量在 PLC 运行期间始终被存储。静态变量定义在背景数据块中，当被调用块运行时，能读出或修改它的值。被调用块运行结束后，静态变量保留在数据块中。因为只有与 FB 有关联的背景数据块，所以只能为 FB 定义静态变量。功能 FC 不能有静态变量。

### 3. 临时变量

临时变量是一种在块执行时，用来暂时存储数据的变量，这些临时数据存储在局部数据堆栈中。当块执行的时候，它们被用来临时存储数据，当退出该块，堆栈重新分配时，这些数据就丢失。

## 16.3.2　逻辑块的编程

打开一个逻辑块 FC 后，各部分功能如图 16-2 所示。

（1）变量声明：分别定义形参、临时变量，FC 中不包括静态变量。

（2）程序段：对 PLC 将处理的程序编程。

图 16-2　变量声明

**临时变量的定义和使用：**

### 1. 定义临时变量

在使用临时变量之前，必须在块的变量声明表中进行定义，在 TEMP 行中输入变量名和数据类型，临时变量不能赋初值。

### 2. 访问临时变量

用符号地址访问临时变量，比如加法指令的结果存储在临时变量#result 中。如图 16-3 所示。

图 16-3　临时变量

### 16.3.3 带参数功能 FC 的应用（结构化编程）

所谓带参数功能 FC，是指编辑功能 FC 时，在局部变量声明表内定义了形式参数，在功能 FC 中使用了符号地址完成控制程序的编程，以便在其他块中能重复调用带参数功能 FC。这种方式一般应用于结构化程序编写。它具有以下优点：

（1）程序只需生成一次，显著地减少了编程时间。

（2）该块只在用户存储器中保存一次，降低了存储器的用量。

（3）该块可以被程序任意次调用，该块采用形式参数编程，当用户程序调用该块时，要用实际参数赋值给形式参数。

## 16.4 项目解决步骤

**步骤 1. 输入/输出信号器件分析**

输入：启动按钮 SB1（常开触点）；停止按钮 SB2（常开触点）；

M1 电动机过载 FR1（常闭触点）；M2 电动机过载 FR2（常闭触点）；

M3 电动机过载 FR3（常闭触点）；M4 电动机过载 FR4（常闭触点）。

输出：M1 电源接触器 KM1、星形接触器 KM2 和三角形接触器 KM3 及报警器 HA1；

M2 电源接触器 KM4、星形接触器 KM5 和三角形接触器 KM6 及报警器 HA2；

M3 电源接触器 KM7、星形接触器 KM8 和三角形接触器 KM9 及报警器 HA3；

M4 电源接触器 KM10、星形接触器 KM11 和三角形接触器 KM12 及报警器 HA4。

**步骤 2. 硬件组态（参见项目 3）**

**步骤 3. 输入/输出地址分配**

输入/输出地址分配如表 16-2 和表 16-3 所示。

表 16-2　输入地址分配表

| 序　号 | 输入信号器件名称 | 编程元件地址 | 序　号 | 输入信号器件名称 | 编程元件地址 |
|---|---|---|---|---|---|
| 1 | 启动按钮 SB1（常开触点） | I0.0 | 4 | M2 过载热继电器 FR2（常闭触点） | I0.3 |
| 2 | 停止按钮 SB2（常开触点） | I0.1 | 5 | M3 过载热继电器 FR3（常闭触点） | I0.4 |
| 3 | M1 过载热继电器 FR1（常闭触点） | I0.2 | 6 | M4 过载热继电器 FR4（常闭触点） | I0.5 |

表 16-3　输出地址分配表

| 电动机 | 接触器 | 编程元件地址 | 电动机 | 接触器 | 编程元件地址 |
|---|---|---|---|---|---|
| M1 电动机 | 电源接触器 KM1 线圈 | Q4.0 | M3 电动机 | 电源接触器 KM7 线圈 | Q4.6 |
| | 星形接触器 KM2 线圈 | Q4.1 | | 星形接触器 KM8 线圈 | Q4.7 |
| | 三角形接触器 KM3 线圈 | Q4.2 | | 三角形接触器 KM9 线圈 | Q5.0 |
| | 报警器 HA1 | Q5.4 | | 报警器 HA3 | Q5.6 |
| M2 电动机 | 电源接触器 KM4 线圈 | Q4.3 | M4 电动机 | 电源接触器 KM10 线圈 | Q5.1 |
| | 星形接触器 KM5 线圈 | Q4.4 | | 星形接触器 KM11 线圈 | Q5.2 |
| | 三角形接触器 KM6 线圈 | Q4.5 | | 三角形接触器 KM12 线圈 | Q5.3 |
| | 报警器 HA2 | Q5.5 | | 报警器 HA4 | Q5.7 |

**步骤 4．接线图**

运煤输送 PLC 控制接线如图 16-4 所示。

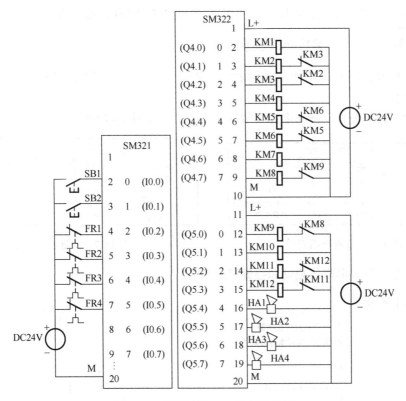

图 16-4　运煤输送 PLC 控制接线图

**步骤 5．建立符号表**

运煤输送 PLC 控制系统符号表如图 16-5 所示。

| | 状态 | 符号 | 地址 | | 数据类型 | | 注释 |
|---|---|---|---|---|---|---|---|
| 1 | | 降压启动及报警 | FC | 1 | FC | 1 | |
| 2 | | 启动SB1 | I | 0.0 | BOOL | | |
| 3 | | 停止SB2 | I | 0.1 | BOOL | | |
| 4 | | FR1 | I | 0.2 | BOOL | | |
| 5 | | FR2 | I | 0.3 | BOOL | | |
| 6 | | FR3 | I | 0.4 | BOOL | | |
| 7 | | FR4 | I | 0.5 | BOOL | | |
| 8 | | M1电源接触器KM1 | Q | 4.0 | BOOL | | |
| 9 | | M1星形接触器KM2 | Q | 4.1 | BOOL | | |
| 10 | | M1三角接触器KM3 | Q | 4.2 | BOOL | | |
| 11 | | M2电源接触器KM4 | Q | 4.3 | BOOL | | |
| 12 | | M2星形接触器KM5 | Q | 4.4 | BOOL | | |
| 13 | | M2三角接触器KM6 | Q | 4.5 | BOOL | | |
| 14 | | M3电源接触器KM7 | Q | 4.6 | BOOL | | |
| 15 | | M3星形接触器KM8 | Q | 4.7 | BOOL | | |
| 16 | | M3三角接触器KM9 | Q | 5.0 | BOOL | | |
| 17 | | M4电源接触器KM10 | Q | 5.1 | BOOL | | |
| 18 | | M4星形接触器KM11 | Q | 5.2 | BOOL | | |
| 19 | | M4三角接触器KM12 | Q | 5.3 | BOOL | | |
| 20 | | 报警器HA1 | Q | 5.4 | BOOL | | |
| 21 | | 报警器HA2 | Q | 5.5 | BOOL | | |
| 22 | | 报警器HA3 | Q | 5.6 | BOOL | | |
| 23 | | 报警器HA4 | Q | 5.7 | BOOL | | |

图 16-5　建立符号表

运煤程序讲解

### 步骤 6. 编写运煤输送 PLC 控制程序

因为每台电动机的启动过程和停止过程相同，可以设计一个带有参数的 FC 功能来实现，然后让主程序 OB1 多次调用 FC。具体过程如下：

### 1. 编辑 FC1 变量声明表

新建并打开功能 FC1，在变量声明表中定义五个 IN 变量，变量的名称、数据类型和注释如图 16-6 所示。

建立四个 OUT 变量，变量名称、数据类型和注释如图 16-7 所示。

图 16-6　变量声明表

图 16-7　变量声明名表

### 2. 编写星—三角形降压启动和报警程序 FC1

如图 16-8 所示。

FC1:降压自动及报警
程序段1:接通电源接触器

程序段2:接通定时器

程序段3:5秒时间到断开星形接触器

程序段4:6秒时间到接通三角接触器

图 16-8　FC1 程序

程序段5:停止与过载保护

程序段6:过载报警

图 16-8　FC1 程序（续）

编写 OB1 主程序，如图 16-9 所示。

程序段1:启动

程序段2:停止

程序段3:自动计时

图 16-9　OB1 主程序

程序段4:停止计时

程序段5:控制M4电动机

程序段6:控制M3电动机

图 16-9   OB1 主程序（续）

程序段7:控制M2电动机

程序段8:控制M1电动机

程序段9:过载停止所有电动机

图 16-9　OB1 主程序（续）

211

### 步骤 7. S7-PLCSIM 调试程序

调试启动过程：启动按钮 SB1 按下，电动机 M4 启动，然后电动机 M3 启动，如图 16-10 所示。

图 16-10　调试启动过程

电动机 M2 启动，然后电动机 M1 启动，如图 16-11 所示。

图 16-11　调试启动过程

调试停止过程：停止按钮 SB2 按下，传送带 M1 电动机停止，然后 M2 电动机停止，然后 M3 电动机停止，最后 M4 电动机停止，如图 16-12 所示。

图 16-12　调试停止

调试 M2 过载：在系统运行过程中，当电动机 M2 过载时，所有电动机全部停止，并且报警器 HA2 响，如图 16-13 所示。

图 16-13　调试 M2 过载

调试 M1 过载：在系统运行过程中，当电动机 M1 过载时，所有电动机全部停止，并且报警器 HA1 响。

调试 M3 过载：在系统运行过程中，当电动机 M3 过载时，所有电动机全部停止，并且报警器 HA3 响。

调试 M4 过载：在系统运行过程中，当电动机 M4 过载时，所有电动机全部停止，并且报警器 HA4 响。

如果满足上述情况，说明仿真调试成功，进入联机调试。如果不满足上述情况，检查原因，修改程序，重新调试，直到仿真调试成功。

**步骤 8. 联机调试**

确保连线正确的情况下，下载硬件组态和程序等到真实 PLC 中（参见 5.3.6 真实 S7-300 PLC 的 PC 适配器下载），然后按下面要求调试。

（1）按下启动按钮 SB1，传送带 M4 电动机启动，10 秒后 M3 电动机启动，10 秒后 M2 电动机启动，10 秒后 M1 电动机启动，即逆序启动。

（2）按下停止按钮 SB2，传送带 M1 电动机停止，10 秒后 M2 电动机停止，10 秒后 M3 电动机停止，10 秒后 M4 电动机停止，即顺序停止。

（3）每台电动机星—三角形（Y-△）降压启动。

（4）任何一台电动机过载时，停止所有电动机且本电动机报警器响。

满足上述要求，说明调试成功。如果不能满足要求，检查原因，修改程序，重新调试，直到满足要求为止。

# 巩固练习十六

## 1. 编程

请学习者用带参数 FC 结构化编程的方法，完成项目 12 的十字路口交通灯控制的结构化编程。

### 2．病床呼叫器的 PLC 控制

在很多医院住院病房里的每一张床与护士站都需要随时进行联系，通过呼叫器可实现远距离呼叫，以便病人在急需时向医护人员发出求助信号。

某住院病房有 8 个房间，每个房间 4 张病床，病床编号由房间号和床号组成，分别为 011、012、013、014，021、022、023、024…081、082、083、084。每一病床床头均有紧急呼叫按钮，与病床的编号相同，分别为 SB011、SB012、SB013、SB014…SB081、SB082、SB083、SB084。用于病人不适时紧急呼叫；护士站安装蜂鸣器 HA 和呼叫指示灯，每个呼叫指示灯对应一个病床呼叫按钮，其编号为 HL011、HL012、HL013、HL014…HL081、HL082、HL083、HL084。病床呼叫器的 PLC 控制如图 16-14 所示。

图 16-14　病床呼叫器示意图

控制任务：

（1）当某个病床发出求助信号（按下紧急呼叫按钮）后，护士站的蜂鸣器发出短促音，与呼叫信号对应的指示灯闪烁（闪烁频率自定）。

（2）当医护人员听到呼叫后，可按下呼叫响应按钮 SB0，蜂鸣器停止工作，呼叫指示灯在 20 秒后停止显示。

（3）如果同时或者在一段时间内有多个呼叫信号，护士站的蜂鸣器仍发出短促音，与这些呼叫信号对应的那些指示灯均闪烁，医护人员按下呼叫响应按钮后，蜂鸣器停止工作，呼叫指示灯在 20 秒后停止显示。

### 3．自动售货机的 PLC 控制

一台用于销售矿泉水和汽水的自动售货机，具有硬币识别、币值累加、自动售货、自动找钱等功能，此售货机可接收的硬币为 0.1 元、0.5 元和 1 元。矿泉水的售价为 1.2 元，汽水的售价为 1.5 元。自动售货机如图 16-15 所示。

控制任务：

（1）当投入的硬币总值等于或超过 1.2 元时，矿泉水指示灯亮，当投入的硬币总值等于或超过 1.5 元时，矿泉水和汽水的指示灯都亮。

（2）当矿泉水指示灯亮时，按下矿泉水按钮，则矿泉水从售货口自动售出，矿泉水指示灯闪烁（闪烁频率为1Hz），8秒后自动停止。

（3）当汽水指示灯亮时，按下汽水按钮，则汽水从售货口自动售出，汽水指示灯闪烁（闪烁频率为1Hz），8秒后自动停止。

矿泉水指示灯　　　　　　　　　　汽水指示灯

矿泉水按钮　　　　　　　　　　汽水按钮

投币口　　　　　　　　　　找钱指示灯

复位按钮　　　　　　　　　　找钱口

售货口

图 16-15　自动售货机示意图

（4）当按下矿泉水按钮或汽水按钮后，如果投入的硬币总值超过所需要的钱数，找钱指示灯亮，售货机自动退出多余的钱，8秒后自动停止。

（5）如果售货口发生故障，或顾客投入硬币后又不想买了（未按下矿泉水按钮或汽水按钮），可按下复位按钮，则售货机可如数退出顾客已投入的硬币。

（6）售货机具有销售数量和销售金额的累加功能。

# 项目 17　两台 S7-300 PLC 之间的全局数据 MPI 通信

## 17.1　项目要求

由两台 PLC 组成的 MPI 通信网络中，有两个站，2 号站 MPI 地址是 2，3 号站 MPI 地址是 3，要求：

（1）将 2 号站从 MB10 开始的 2 个字节，发送到 3 号站从 MB200 开始的 2 个字节中。

（2）将 3 号站 MB20 开始的 2 个字节，发送到 2 号站从 MB100 开始的 2 个字节中。

（3）在 2 号站按下启动按钮可以启动 3 号站电动机，按下停止按钮可以停止 3 号站电动机。2 号站指示灯可以监视 3 号站电动机运行状态。

（4）在 3 号站按下启动按钮可以启动 2 号站电动机，按下停止按钮，可以停止 2 号站电动机。3 号站指示灯可以监视 2 号站电动机运行状态。

## 17.2　学习目标

（1）了解 MPI 通信的基础知识。

（2）掌握 MPI 通信网络组态及参数设置。

（3）掌握 MPI 网络通信程序的编写及调试。

## 17.3　相关知识

### 1．MPI 通信简介

MPI 是多点接口（Multi-Point Interface）的简称，MPI 通信对通信速率要求不高，通信数据量不大，是一种简单经济的通信方式。

MPI 接口属于 RS-485 接口标准，MPI 的通信速率为 19.2kbps～12Mbps，但如果直接连接 S7-200 CPU 通信口的 MPI 网，由于受 S7-200 CPU 最高通信速率的限制，只能选择 19.2kbps。S7-300 通信速率通常默认为 187.5 kbps。在 MPI 网络上最多可以有 32 个站，一个网段的最长通信距离为 50 米（通信的速率为 187.5kbps 时），更长的通信距离可以通过 RS-485 中继器扩展。

在 MPI 通信中经常用的是全局数据包通信和无组态的 MPI 通信。当在 S7-300/400 的 PLC 之间进行少量数据通信时，可以采用全局数据包通信。如果在 S7-300、S7-400、S7-200 之间进行通信时，可以采用无组态的 MPI 通信。

连接 MPI 网络时常用到两个网络部件：网络连接器和网络中继器。

网络连接器 DP 头：采用 PROFIBUS RS-485 总线连接器，连接器插头分两种，一种带 PG 接口，一种不带 PG 接口，为了保证网络通信质量，总线连接器和中继器上都设计了终端匹配电阻。

网络中继器：对应 MPI 网络，节点间的连接距离是有限制的，从第一个节点到最后一个节点最长距离仅为 50 米，对于一个要求较大区域的信号传输或分散控制系统，采用两个中继器可以将两个节点的距离增大到 1100 米。

**2．GD 通信原理**

在 MPI 分支网上实现全局数据共享的两个或多个 CPU 中，至少有一个是数据的发送方，有一个或多个是数据的接收方。发送或接收的数据称为全局数据，或称为全局数。具有相同 Sender/Receiver（发送者/接收者）的全局数据，可以集合成一个全局数据包（GD Packet）一起发送。每个数据包用数据包号码（GD Packet Number）来标识，其中的变量用变量号码（Variable Number）来标识。参与全局数据包交换的 CPU 构成了全局数据环（GD Circle）。每个全局数据环用数据环号码来标识（GD Circle Number）。

应用 GD 通信，就要在 CPU 中定义全局数据块，这一过程也称为全局数据通信组态。

# 17.4　项目解决步骤

### 步骤 1．硬件和软件配置

2 台 CPU 314C-2 DP；2 张 MMC 卡；输入和输出模块各 2 个；电源模块 2 个；1 条 MPI 电缆（也称为 PROFIBUS 电缆）；装有 STEP7 编程软件的计算机（也称编程器）；1 条编程电缆；2 根导轨；网络连接器（DP 头）2 个；STEP7 V5.4 及以上版本编程软件。

### 步骤 2．通信的硬件连接

确保断电接线，将导轨与 PLC 模块安装完毕（参见项目 2）。将 PROFIBUS 电缆两端与带编程口 DP 头连接，将 DP 头插到 2 个 CPU 模块的 MPI 口。因 DP 头处于网络终端位置，DP 头开关设置为 ON，将 PC 适配器 COM 口编程电缆 RS-485 端口插到 2 号站 MPI 口上，也就是 2 号站 DP 头上，另一端插在编程器 COM 口上。

### 步骤 3．通信区设置

通信区设置如图 17-1 所示。

### 步骤 4．网络组态及参数设置

（1）在 SIMATIC Manager 界面新建项目，项目名称为"MPI 通信"，插入 SIMATIC 300 站点 2 个，重命名为 2 号站和 3 号站。根据每个站实际情况配置，分别进行硬件组态，依次插入导轨、电源模块、CPU 模块、输入模块和输出模块，如图 17-2 所示。

图 17-1　通信区设置

图 17-2　硬件组态及重命名

（2）对于 2 号站 MPI 设置，进入 2 号站硬件组态，双击 CPU 模块中的"CPU 314C-2 DP"，进入 CPU 属性设置界面，单击 MPI 接口的"属性"按钮，如图 17-3 所示。

图 17-3　CPU 属性设置界面

（3）进入 MPI 接口属性设置界面，选择 MPI 地址为 2，单击"新建"按钮，如图 17-4 所示。再单击"网络设置"，选择传输率：187.5Kbps，单击"确定"按钮。如图 17-5 所示。出现如图 17-6 所示界面，单击"确定"按钮。出现 CPU 属性界面，接口类型：MPI；地址：2；已联网：是；2 号站连接到了 MPI 网络中。

图 17-4　MPI 接口属性

（4）单击"保存和编译"按钮，对 2 号站的硬件配置进行保存和编译，然后回到 SIMATIC

Manager 界面。

图 17-5　网络设置

图 17-6　2 号站 MPI 接口属性

（5）对 3 号站 MPI 地址设定，进入 3 号站硬件组态，双击 CPU 模块的"CPU 314C-2 DP"，进入 CPU 属性设置界面，单击接口"属性"按钮，进入 MPI 的属性设置界面，MPI 地址为 3，通信速率为 187.5Kbps，如图 17-7 所示。单击"确定"按钮，出现 CPU 属性界面，显示已联网。

图 17-7　3 号站 MPI 接口属性

（6）将组态好的 3 号站硬件配置保存编译，回到 SIMATIC Manager 界面。

（7）将 2 号站和 3 号站分别下载到各自对应的 PLC 中。

（8）SIMATIC Manager 中，双击"MPI（1）"进入网络组态 NetPro 界面，如图 17-8 所示。

图 17-8　网络组态 NetPro 界面

（9）先选中红色 MPI 网络线，红线变粗，然后在菜单栏中选择"选项"，在下拉菜单中选择"定义全局数据"，进行 MPI 发送区和接收区组态。如图 17-9 所示。

图 17-9　选择定义全局数据库

（10）出现全局数据表，准备进行 MPI 全局数据组态，如图 17-10 所示。

（11）双击图 17-10 中"全局数据（GD）ID"右边第一列，选择要组态的 2 号站及 CPU，如图 17-11 所示。单击"确定"按钮。

（12）用同样的方法，在"全局数据（GD）ID"右边第二列，选择要组态的 3 号站及 CPU，两个要进行 MPI 通信的站出现在全局数据表中，如图 17-12 所示。

图 17-10　进行 MPI 全局数据组态

图 17-11　组态 2 号站及 CPU

图 17-12　MPI 通信站

（13）项目要求中要求将 2 号站从 MB10 开始的 2 个字节，发送到 3 号站从 MB200 开始的 2 个字节。

现在开始组态 2 号站发送区，在"2 号站/CPU 314C-2 DP"列的第一行输入"MB10:2"，按回车键确定，在该单元格上右键单击，打开下拉菜单，选择"发送器"。

组态 3 号站接收区，在"3 号站/CPU 314C-2 DP"列的第一行输入"MB200:2"，按回车键确定，在该单元格上右键单击，打开下拉菜单，选择"接收器"。如图 17-13 所示。

（14）项目要求中要求将 3 号站 MB20 开始的 2 个字节，发送到 2 号站从 MB100 开始的 2 个字节中。

现在开始组态 3 号站发送区，在"3 号站/CPU 314C-2 DP"列的第二行输入"MB20:2"，按回车确定，在该单元格上右键单击，打开下拉菜单，选择"发送器"。

图 17-13  MB10：2 发送 MB200：2 接收

组态 2 号站接收区，在"2 号站/CPU 314C-2 DP"列的第二行输入"MB100:2"，按回车键确定，在该单元格上右键单击，打开下拉菜单，选择"接收器"。单击"保存"，单击"编译"按钮进行编译。如图 17-14 所示。

图 17-14  MB20：2 发送 M100：2 接收

（15）在发送区和接收区组态完毕，并且保存和编译后，系统自动生成 ID 号，如图 17-15 所示。

图 17-15  生成 ID 号

每行通信区的 ID 号的格式为：GD A.B.C。

A 是全局数据包的循环数。

B 是在一个循环里的数据包数。

C 是在一个数据包里的数据区。

（16）当网络组态结束后，单击"保存并编译"，用 PC 适配器下载线将各站组态结果分别下载到各自站中（参见 5.3.6 真实 S7-300 PLC 的 PC 适配器下载），在 NetPro 界面中可以看到组态后的 MPI 网络，如图 17-16 所示。

图 17-16　保存并编译

### 步骤 5．输入/输出地址分配

2 号站输入和输出地址分配如表 17-1 所示。

**表 17-1　输入/输出地址分配表**

| 序号 | 输入信号器件名称 | 编程元件地址 | 序号 | 输出信号器件名称 | 编程元件地址 |
|---|---|---|---|---|---|
| 1 | 启动 3 号站电动机按钮 SB1（常开触点） | I0.0 | 1 | 2 号站的电动机接触器 KM 线圈 | Q4.0 |
| 2 | 停止 3 号站电动机按钮 SB2（常开触点） | I0.1 | 2 | 监视 3 号站电动机运行状态指示灯 HL | Q4.1 |

3 号站输入和输出地址分配如表 17-2 所示。

**表 17-2　输入/输出地址分配表**

| 序号 | 输入信号器件名称 | 编程元件地址 | 序号 | 输出信号器件名称 | 编程元件地址 |
|---|---|---|---|---|---|
| 1 | 启动 2 号站电动机按钮 SB1（常开触点） | I0.0 | 1 | 3 号站的电动机接触器 KM 线圈 | Q4.0 |
| 2 | 停止 2 号站电动机按钮 SB2（常开触点） | I0.1 | 2 | 监视 2 号站电动机运行状态指示灯 HL | Q4.1 |

### 步骤 6．接线图

2 号站外设接线如图 17-17 所示。

图 17-17   2 号站外设接线图

3 号站外设接线如图 17-18 所示。

图 17-18   3 号站外设接线图

### 步骤 7. 建立符号表

建立 2 号站的符号表, 如图 17-19 所示。

建立 3 号站的符号表, 如图 17-20 所示。

图 17-19　2 号站符号表

图 17-20　3 号站符号表

### 步骤 8．编写通信程序

2 号站发送区及 3 号站接收区，以 1 个字节为例，发送与接收如图 17-21 所示。

图 17-21　2 号站发送 3 号站接收

3 号站发送区及 2 号站接收区，以 1 个字节为例，发送与接收如图 17-22 所示。

图 17-22　3 号站发送 2 号站接收

全局通信 MPI
通信程序讲解

在 2 号站 OB1 中编写的通信程序如图 17-23 所示。

程序段1:2号站启动信号发送到3号站

```
  I0.0                                    M10.0
"启动SB1"                               "发送到3号
  ┤├                                      站启动"
                                          ─( )─
```

程序段2:2号站停止信号发送到3号站

```
  I0.1                                    M10.1
"启动SB2"                               "发送到3号
  ┤├                                      站停止"
                                          ─( )─
```

程序段3:2号站监视3号站电动机运行

```
 M100.2                                   Q4.1
"接收3号站                              "监视3号站
电动机状态"                            电动机运行"
  ┤├                                      ─( )─
```

程序段4:2号站接收3号站启动或者停止

```
 M100.0        M100.1                     Q4.0
"接收3号站    "接收3号站                "2号站电
启动"          停止"                     动机"
  ┤├          ─┤/├─                       ─( )─
  Q4.0
"2号站电
动机"
  ┤├
```

程序段5:2号站电机运行状态发送到3号站

```
  Q4.0                                    M10.2
"2号站电                                "电动机状态
动机"                                    发送"
  ┤├                                      ─( )─
```

图 17-23　2 号站通信程序

在 3 号站 OB1 中编写的通信程序如图 17-24 所示。

程序段1:3号站启动信号发送到2号站

```
  I0.0                                    M20.0
"启动SB1"                               "发送到2号
  ┤├                                      站启动"
                                          ─( )─
```

程序段2:3号站停止信号发送到2号站

```
  I0.1                                    M20.1
"启动SB2"                               "发送到2号
  ┤├                                      站停止"
                                          ─( )─
```

图 17-24　3 号站通信程序

程序段3:3号站接收2号站启动或者停止

程序段4:3号站电动机运行状态发送到2号站

程序段5:3号站监视2号站电动机运行

图 17-24　3 号站通信程序（续）

**步骤 9．联机调试**

确保连线正确的情况下，在 SIMATIC 管理器下，将 2 号站和 3 号站的组态和程序分别下载到各自对应的 PLC 中，参见 5.3.6 真实 S7-300 PLC 的 PC 适配器下载。

在 2 号站按下启动按钮 SB1，3 号站电动机启动运行，在 2 号站按下停止按钮 SB2，3 号站电动机停止。2 号站指示灯监视 3 号站电动机运行状态。

在 3 号站按下启动按钮 SB1，2 号站电动机启动运行，在 3 号站按下停止按钮 SB2，2 号站电动机停止。3 号站指示灯监视 2 号站电动机运行状态。

满足上述要求，说明调试成功。如果不能满足要求，检查原因，纠正问题，重新调试，直到满足要求为止。

# 巩固练习十七

（1）两台 PLC 组成的 MPI 通信网络中，有两个站，2 号站 MPI 地址是 2，3 号站 MPI 地址是 3，要求：

① 将 2 号站从 MB20 开始的 2 个字节，发送到 3 号站从 MB40 开始的 2 个字节中。

② 将 3 号站从 MB80 开始的 2 个字节，发送到 2 号站从 MB60 开始的 2 个字节中。

③ 在 2 号站按下启动按钮可以启动 3 号站水泵，按下停止按钮可以停止 3 号站水泵。2 号站指示灯可以监视 3 号站水泵运行状态。2 号站可以启动和停止本站的风机。

④ 在 3 号站按下启动按钮可以启动 2 号站水泵，按下停止按钮，可以停止 2 号站水泵。

3 号站指示灯可以监视 2 号站水泵运行状态。3 号站可以启动和停止本站风机。

（2）由 3 台 PLC 组成 MPI 网络。甲站 MPI 地址为 2，乙站 MPI 地址为 3，丙站 MPI 地址为 4。控制要求为：

① 甲站向乙站发送 3 字节数据，甲站向丙站发送 3 字节数据。

② 乙站向甲站发送 2 字节数据，丙站向甲站发送 2 字节数据。

③ 甲站完成对乙站设备的启停控制，且对乙站的运行状态进行监视。

④ 甲站完成对丙站设备的启停控制，且对丙站的运行状态进行监视。

# 项目 18　两台 S7-300 PLC 之间 PROFIBUS-DP 不打包通信

## 18.1　项目要求

由两台 S7-300 PLC 组成的 PROFIBUS-DP 不打包通信系统中，PLC 的 CPU 模块为 CPU 314C-2 DP。有一个是主站，另一个是从站，主站 DP 地址为 2，从站 DP 地址为 3。要求：

（1）在主站按下启动按钮 SB1，从站电机转动，主站指示灯 HL1 亮。在主站按下停止按钮 SB2，从站电机停止，主站指示灯 HL1 灭。主站指示灯 HL1 用来监视从站电机转动或停止状态。

（2）当从站电机过载时，热继电器 FR（常闭触点）动作，该电机停止，并且主站指示灯 HL2 以 1Hz 频率报警闪烁。

（3）在从站按下启动按钮 SB1，主站电机转动，从站指示灯 HL1 亮。在从站按下停止按钮 SB2，主站电机停止，从站指示灯 HL1 灭。从站指示灯 HL1 用来监视主站电机转动或停止状态。

（4）当主站电机过载时，热继电器 FR（常闭触点）动作，该电机停止，并且从站指示灯 HL2 以 5Hz 频率报警闪烁。

## 18.2　学习目标

（1）理解不打包通信的含义。
（2）掌握两台 S7-300 PLC 之间 PROFIBUS-DP 不打包通信的硬件、软件配置。
（3）掌握两台 S7-300 PLC 之间 PROFIBUS-DP 不打包通信的硬件连接。
（4）掌握两台 S7-300 PLC 之间 PROFIBUS-DP 不打包通信的通信区设置。
（5）掌握两台 S7-300 PLC 之间 PROFIBUS-DP 不打包通信网络组态及参数设置。
（6）掌握两台 S7-300 PLC 之间 PROFIBUS-DP 不打包通信网络编程及调试。

## 18.3　相关知识（不打包通信）

PROFIBUS-DP 通信是通过单个主站依次轮询从站的通信方式进行数据交换的，该方式称为 MS（Master Slave）模式。

PROFIBUS-DP 网络可以组建主从（MS）通信模式和直接数据交换（DX）通信模式。直接数据交换（DX）通信模式在工程实际应用较少，主从通信模式是 PROFIBUS 网络的典型结构。

S7-300 PLC 在 PROFIBUS-DP 网络中既可以作为主站，也可以作为从站。

根据数据传输率和数据量等要求，可以组建 PROFIBUS-DP 不打包网络通信和 PROFIBUS-DP 打包网络通信。

打包通信需要调用系统功能 SFC，STEP7 提供了两个系统功能 SFC15 和 SFC14，SFC15 来完成数据的打包，SFC14 来完成数据解包功能，可接收/发送大于 4 个字节的数据。

不打包通信可以直接利用传送指令实现数据的接收/发送，但是每次最多只能接收/发送 4 个字节的数据。

## 18.4　项目解决步骤

**步骤 1. 通信的硬件和软件配置**

**硬件：**

（1）电源模块（PS 307 5A）2 个。

（2）紧凑型 S7-300 CPU 模块（CPU 314C-2 DP）2 个。

（3）MMC 卡 2 张。

（4）输入模块（DI16×DC24V）2 个。

（5）输出模块（DO16×DC24V/0.5A）2 个。

（6）DIN 导轨 2 根。

（7）PROFIBUS 电缆 1 根。

（8）DP 头 2 个。

（9）PC 适配器 USB 编程电缆（用于 S7-200/S7-300/S7-400 PLC 下载线）1 根。

（10）装有 STEP7 编程软件的计算机（也称编程器）。

**软件：** STEP7 V5.4 及以上版本编程软件。

**步骤 2. 通信的硬件连接**

确保断电接线。将 PROFIBUS 电缆与 DP 头连接，将 DP 头插到 2 个 CPU 模块的 DP 口。主站和从站的 DP 头处于网络终端位置，所以两个 DP 头开关设置为 ON，将 PC 适配器 USB 编程电缆的 RS485 端口插 CPU 模块的 MPI 口，另一端插在编程器的 USB 口上。PROFIBUS-DP 不打包通信的硬件连接如图 18-1 所示。

图 18-1　通信的硬件连接

### 步骤 3. 通信区设置

主站与从站的通信区设置如图 18-2 所示。主站输出区（发送区）QB0 对应从站输入区（接收区）IB3。主站输入区（接收区）IB2 对应从站输出区（发送区）QB6。

图 18-2　通信区设置

### 步骤 4. 新建项目

新建一个项目，命名为"两台 PLC 之间 DP 不打包通信"，然后插入两个 SIMATIC 300 站点，如图 18-3 所示。

图 18-3　插入两个 SIMATIC 300 站点

分别将两个 SIMATIC 300 站点重命名为"主站"和"从站"，如图 18-4 所示。

图 18-4　两个 SIMATIC 300 站点重命名

### 步骤 5. 从站网络组态及参数设置

（1）根据实际使用的硬件配置，通过 STEP 编程软件对从站进行硬件组态，注意与硬件模块上面印刷的订货号一致。在 SIMATIC Manager 界面中，双击从站的"硬件"图标，通过双击导轨"Rail"插入导轨，在导轨 1 号插槽插入电源模块（PS 307 5A）、2 号插槽插入 CPU 模块（CPU 314C-2 DP，V2.6）、3 号插槽空闲、4 号插槽插入输入模块（DI16×DC24V）、5 号插槽插入输出模块（DO16×DC24V/0.5A），如图 18-5 所示。

图 18-5　从站进行硬件组态

　　然后在 CPU 314C-2 DP 模块上双击 DP 行，产生如图 18-6 所示 DP 属性界面。单击"属性"按钮。

　　（2）设置从站 DP 地址。单击"参数"，将 DP 地址更改为"3"。单击"新建"按钮。如图 18-7 所示。

图 18-6　从站属性　　　　　　　　　　　　图 18-7　DP 地址更改为"3"

　　（3）单击"网络设置"，单击"1.5Mbps"完成传输率选择，单击"DP"完成配置文件选择，单击"确定"按钮。如图 18-8 所示。

　　于是显示图 18-9，从站 DP 地址为 3，传输率为 1.5Mbps，单击"确定"按钮。

　　属性窗口中单击"常规"，显示接口类型：PROFIBUS；地址：3；已联网：是。如图 18-10 所示。

　　（4）单击"工作模式"，单击"DP 从站"，单击"确定"按钮，如图 18-11 所示。

　　（5）单击"组态"，对输入/输出通信区组态，单击"新建"按钮，如图 18-12 所示。

　　（6）根据本项目解决步骤中的步骤 3 通信区设置，从站地址类型选择输入（接收），地址：3，即 IB3；长度：1；单位：字节；一致性：单位。单击"确定"按钮。如图 18-13 所示。

图 18-8　新建 PROFIBUS-DP 网

图 18-9　DP 地址与传输率

图 18-10　属性窗口

图 18-11　工作模式选择"DP 从站"

图 18-12　通信区组态

（7）单击"新建"按钮，从站地址类型选择"输出"（发送），地址填写"6"，即 QB6，长度：1。单位：字节。一致性：单位。单击"确定"按钮。如图 18-14 所示。

属性组态模式中，看到本地（从站）地址输入区（接收区）为 I3，即 IB3。输出区（发送区）为 O6 即 QB6。单击"确定"按钮。如图 18-15 所示。

图 18-13　组态接收区

图 18-14　组态发送区

图 18-15　从站的通信组态

**注意**：O6 第一个字母是 O，不是 0。O6 是 QB6。

（8）回到从站硬件配置界面，单击"保存并编译"按钮。

**说明**：从图 18-15 中可知，对从站输入区和输出区进行了组态，输入区（接收区）IB3 用于从站接收主站发送来的信息，比如主站发出对从站设备的启动或停止信息，从站通过 IB3 来接收。输出区（发送区）QB6 用于从站向主站发送信息，比如从站发出对主站的启动或停止信息。

输入区域与输出区不能跟本站已有模块输入与输出端子地址相冲突，例如从站接收区 IB3，从站发送区 QB6。从站本身输入模块和输出模块及 CPU 模块自带的输入和输出端子地址都不能使用 IB3 和 QB6。

伙伴 DP 地址：是指主站 DP 地址，这里是 2，还没有对主站设置，此时显示虚线。

伙伴地址：是指主站通信区地址，是输出区（发送区）和输入区（接收区）的首地址，不能与本站已有模块端子地址区域相冲突。已有模块端子地址区域可以通过硬件组态默认值看到。

模式 MS 是主站与从站模式，不要选择 DX 模式。

单位：本项目仅是一个字节发送或接收，选择字节。

长度：因本项目所需发送或接收的信息少，仅是一个字节，设定长度为 1。

一致性：不打包方式通信，选择单位。打包的方式选择全部。

**步骤 6. 对主站进行网络组态及参数设置**

（1）双击"主站"，然后双击"硬件"，如图 18-16 所示。

（2）通过 STEP7 编程软件对主站进行硬件组态，与实际使用硬件配置一致，注意与硬件模块上面印刷的订货号一致。在硬件组态界面中，通过双击导轨"Rail"插入导轨，在导轨 1 号插槽插入电源模块（PS 307 5A）、2 号插槽插入 CPU 模块（CPU 314C-2 DP，V2.6）、3 号插槽空闲、4 号插槽插入输入模块（DI16×DC24V）、5 号插槽插入输出模块（DO16×DC24V/0.5A）。然后在 CPU 314C-2 DP 模块上双击 DP 行，单击"工作模式"，单击"DP 主站"，如图 18-17 所示。

图 18-16　双击硬件

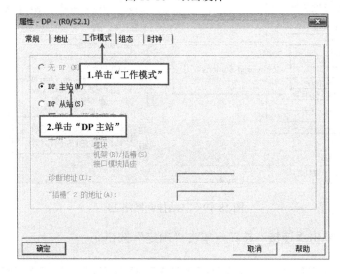

图 18-17　工作模式下选择"DP 主站"

（3）单击"常规"，单击"属性"按钮。DP 地址设定为"2"→单击"新建"按钮→单击"网络设置"按钮→单击传输率"1.5Mbps"和配置文件"DP"，单击"确定"按钮→单击"PROFIBUS 1.5Mbps"，单击"确定"按钮。

接口类型：PROFIBUS。地址：2。已联网：是。见图 18-18。

图 18-18　属性 DP 接口

237

（4）见图 18-19。单击 PROFIBUS DP 左边"+"，单击 Configured Stations 左边"+"，将 CPU 31x 拖到"PROFIBUS（1）：DP 主站系统"网络线上。

图 18-19　从站挂到网络上

显示图 18-20。单击"连接"按钮→单击"确定"按钮。

图 18-20　从站连接到主站

（5）在从站中编辑主站，双击"PROFIBUS：DP 主站系统（1）"网络线下挂的"从站"，如图 18-21 所示。

图 18-21 双击"从站"

（6）在从站上编辑主站，单击"组态"，单击第一行，从站的输入区 IB3 已经定下来，主站就是输出区（发送区），就是伙伴地址，单击"编辑"按钮，如图 18-22 所示。

图 18-22 编辑第一行

（7）根据本项目解决步骤中的步骤 3 通信区设置，编辑 DP 伙伴：主站。地址类型：选择输出。地址：0，即伙伴地址：QB0，QB0 就是输出区（发送区）。如图 18-23 所示。

（8）在图 18-22 中，单击第二行，继续编辑 DP 伙伴：主站。地址类型：输入。地址：2，即伙伴地址：IB2，IB2 就是输入区（接收区）。如图 18-24 所示。

组态好的主站与从站通信区如图 18-25 所示，必须与本项目解决步骤中的步骤 3 通信区设置一致。

（9）单击"确定"按钮后，回到主站的硬件配置界面，单击"保存并编译"按钮，退出主站的硬件配置。

图 18-23 编辑主站输出区

图 18-24 编辑主站

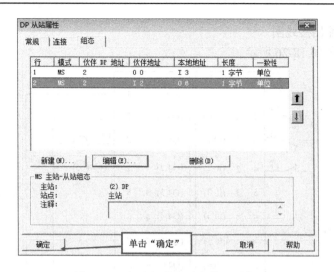

图 18-25　组态好的主站与从站通信区

**步骤 7.下载硬件组态与网络组态**

通过 PC 适配器 USB 编程电缆，将组态后的主站、从站分别下载到对应的 PLC 中，下载结束后关闭 PLC 电源。

重新打开 PLC 电源，观察 CPU 模块上 SF 和 BF 指示灯是否为红色，如果是红色，说明组态过程中可能存在错误，也可能是通信硬件连接问题等，需要检查，更正后，再保存编译，重新下载。SF 和 BF 指示灯不亮时，且 DC5V 和 RUN 指示灯为绿色，这一步骤就成功结束了。

注意：须在断电情况下，拔下与插上 PC 适配器 USB 编程电缆。

**步骤 8. 输入/输出地址分配**

（1）主站 I/O 地址分配如表 18-1 所示。

表 18-1　输入/输出地址分配表

| 序号 | 输入信号器件名称 | 编程元件地址 | 序号 | 输出信号器件名称 | 编程元件地址 |
|---|---|---|---|---|---|
| 1 | 启动从站电动机按钮 SB1（常开触点） | I0.0 | 1 | 主站电动机接触器 KM 线圈 | Q4.0 |
| 2 | 停止从站电动机按钮 SB2（常开触点） | I0.1 | 2 | 监视从站电动机运行状态指示灯 HL1 | Q4.1 |
| 3 | 热继电器 FR（常闭触点） | I0.2 | 3 | 报警灯 HL2 | Q4.2 |

（2）从站 I/O 地址分配如表 18-2 所示。

表 18-2　输入/输出地址分配表

| 序号 | 输入信号器件号名称 | 编程元件地址 | 序号 | 输出信号器件名称 | 编程元件地址 |
|---|---|---|---|---|---|
| 1 | 启动主站电动机按钮 SB1（常开触点） | I0.0 | 1 | 从站电动机接触器 KM 线圈 | Q4.0 |
| 2 | 停止主站电动机按钮 SB2（常开触点） | I0.1 | 2 | 监视主站电动机运行状态指示灯 HL1 | Q4.1 |
| 3 | 热继电器 FR（常闭触点） | I0.2 | 3 | 报警灯 HL2 | Q4.2 |

**步骤 9. 输入/输出接线图**

主站外设接线如图 18-26 所示。

图 18-26　主站外设接线图

从站外设接线如图 18-27 所示。

图 18-27　从站外设接线图

**步骤 10. 主站和从站通信区地址分配**

主站发送区（输出区）字节为 **QB0**，对应从站接收区（输入区）字节为 **IB3**，Q0.0 对应 I3.0，Q0.1 对应 I3.1……如图 18-28 所示。

从站发送区（输出区）字节为 **QB6**，对应主站接收区（输入区）字节为 **IB2**，Q6.0 对应 I2.0，Q6.1 对应 I2.1……如图 18-29 所示。

主站发送区 QB0:

从站接收区 IB3:

图 18-28　主站发送区与从站接收区对应关系

从站发送区 QB6:

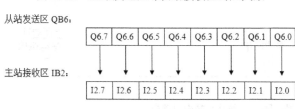

主站接收区 IB2:

图 18-29　从站发送区与主站接收区对应关系

**步骤 11. 建立符号表**

主站符号表如图 18-30 所示。

从站符号表如图 18-31 所示。

| | 状态 | 符号 | 地址 | | 数据类型 |
|---|---|---|---|---|---|
| 1 | | 启动按钮SB1 | I | 0.0 | BOOL |
| 2 | | 热继电器FR | I | 0.2 | BOOL |
| 3 | | 停止按钮SB2 | I | 0.1 | BOOL |
| 4 | | 主站电机KM线圈 | Q | 4.0 | BOOL |
| 5 | | 报警灯HL2 | Q | 4.2 | BOOL |
| 6 | | 监视指示灯HL1 | Q | 4.1 | BOOL |
| 7 | | 发送启动从站电机信号 | Q | 0.0 | BOOL |
| 8 | | 发送停止从站电机信号 | Q | 0.1 | BOOL |
| 9 | | 接收从站启动电机信号 | I | 2.0 | BOOL |
| 10 | | 接收从站停止电机信号 | I | 2.1 | BOOL |
| 11 | | 发送主站电机状态信号 | Q | 0.2 | BOOL |
| 12 | | 接收从站电机状态信号 | I | 2.2 | BOOL |
| 13 | | 发送主站电机过载信号 | Q | 0.3 | BOOL |
| 14 | | 接收从站电机过载信号 | I | 2.3 | BOOL |

图 18-30　主站符号表

| | 状态 | 符号 | 地址 | | 数据类型 |
|---|---|---|---|---|---|
| 1 | | 启动按钮SB1 | I | 0.0 | BOOL |
| 2 | | 热继电器FR | I | 0.2 | BOOL |
| 3 | | 停止按钮SB2 | I | 0.1 | BOOL |
| 4 | | 报警灯HL2 | Q | 4.2 | BOOL |
| 5 | | 从站电机KM线圈 | Q | 4.0 | BOOL |
| 6 | | 监视指示灯HL1 | Q | 4.1 | BOOL |
| 7 | | 发送启动主站电机信号 | Q | 6.0 | BOOL |
| 8 | | 发送停止主站电机信号 | Q | 6.1 | BOOL |
| 9 | | 接收主站启动信号 | I | 3.0 | BOOL |
| 10 | | 接收主站停止信号 | I | 3.1 | BOOL |
| 11 | | 发送从站电机状态信号 | Q | 6.2 | BOOL |
| 12 | | 接收主站电机状态信号 | I | 3.2 | BOOL |
| 13 | | 发送从站电机过载信号 | Q | 6.3 | BOOL |
| 14 | | 接收主站电机过载信号 | I | 3.3 | BOOL |

图 18-31　从站符号表

不打包通信程序讲解

**步骤 12. 编写通信程序**

根据项目要求、I/O 地址分配和通信区设置编写程序。

1）主站程序

主站程序如图 18-32 所示。

**程序段 1**：启动从站电机信号

```
    I0.0                                              Q0.0
  "启动按钮S                                      "发送启动
    B1"                                          从站电机信
                                                    号"
 ───┤ ├─────────────────────────────────────────( )───
```

**程序段 2**：停止从站电机信号

```
    I0.1                                              Q0.1
  "停止按钮S                                      "发送停止
    B2"                                          从站电机信
                                                    号"
 ───┤ ├─────────────────────────────────────────( )───
```

**程序段 3**：接收来自从站启动或停止主站电机信号

```
    I2.0          I2.1          I0.2          Q4.0
  "接收从站       "接收从站      "热继电器F     "主站电机K
  启动电机信      停止电机信       R"           M线圈"
    号"            号"
 ───┤ ├──────────┤/├──────────┤ ├──────────( )───
    Q4.0
  "主站电机K
   M线圈"
 ───┤ ├──
```

**程序段 4**：发送主站电机状态信号

```
    Q4.0                                              Q0.2
  "主站电机K                                      "发送主站
   M线圈"                                        电机状态信
                                                    号"
 ───┤ ├─────────────────────────────────────────( )───
```

**程序段 5**：接收来自从站电机状态信号，指示灯HL1进行监视

```
    I2.2
  "接收从站                                          Q4.1
  电机状态信                                      "监视指示
    号"                                           灯HL1"
 ───┤ ├─────────────────────────────────────────( )───
```

图 18-32　主站程序

**程序段 6**：发送主站电机过载信号

```
    I0.2                                        Q0.3
 "热继电器F                                    "发送主站
    R"                                        电机过载信
                                                 号"
 ───┤/├──────────────────────────────────────( )──
```

**程序段 7**：接收来自从站的电机过载信号，报警灯HL2闪烁

```
    I2.3
 "接收从站
 电机过载信                                      Q4.2
    号"          M100.5                        "报警灯HL2
 ───┤├────────────┤/├─────────────────────────( )──
```

图 18-32　主站程序（续）

2）从站程序

从站程序如图 18-33 所示。

**程序段 1**：启动主站电机信号

```
    I0.0                                        Q6.0
 "启动按钮S                                    "发送启动
    B1"                                        主站电机信
                                                 号"
 ───┤├───────────────────────────────────────( )──
```

**程序段 2**：停止主站电机信号

```
    I0.1                                        Q6.1
 "停止按钮S                                    "发送停止
    B2"                                        主站电机信
                                                 号"
 ───┤├───────────────────────────────────────( )──
```

**程序段 3**：接收来自主站启动或者停止从站电机信号

```
    I3.0          I3.1          I0.2           Q4.0
 "接收主站       "接收主站     "热继电器F      "从站电机K
 启动信号"       停止信号"        R"           M线圈"
 ───┤├────┬──────┤/├───────────┤├────────────( )──
          │
    Q4.0  │
 "从站电机K │
 M线圈"    │
 ───┤├────┘
```

图 18-33　从站程序

**程序段 4**：发送从站电机状态信号

```
    Q4.0                                    Q6.2
  "从站电机K                              "发送从站
   M线圈"                                 电机状态信
                                            号"
   ──┤ ├──────────────────────────────────( )──
```

**程序段 5**：接收来自主站电机状态信号，指示灯HL进行监视

```
    I3.2                                    Q4.1
  "接收主站                                "监视指示
  电机状态信                                 灯HL1"
     号"
   ──┤ ├──────────────────────────────────( )──
```

**程序段 6**：发送从站电机过载信号

```
    I0.2                                    Q6.3
  "热继电器F                               "发送从站
    R"                                    电机过载信
                                            号"
   ──┤/├──────────────────────────────────( )──
```

**程序段 7**：接收来自主站的电机过载信号，报警灯HL2闪烁

```
    I3.3                                    Q4.2
  "接收主站                                "报警灯HL2
  电机过载信            M100.1               "
     号"
   ──┤ ├──────────┤/├──────────────────────( )──
```

图 18-33　从站程序（续）

### 步骤 13. 中断处理

采用 PROFIBUS-DP 总线，所能连接从站个数与 CPU 类型有关，最多可以连接 125 个从站，为防止某一个从站掉电或者损坏，将产生不同的中断，并且调用相应的组织块，如果在程序中没有建立这些组织块，CPU 将停止运行，以保护人身和设备的安全，因此在主站和从站右击"块"，分别插入 OB82、OB86 和 OB122 组织块，以便进行相应的中断处理。如果忽略这些故障让 CPU 继续运行，可以对这几个组织块不编写任何程序，只插入空的组织块。以主站为例，如图 18-34 所示。

### 步骤 14. 联机调试

确保接线正确的情况下，在 SIMATIC 管理器下，将主站和从站的硬件组态、通信组态及程序分别下载到各自对应的 PLC 中。

在主站按下启动按钮 SB1，可以看到从站电机转动，看到主站指示灯 HL1 亮。在主站按下停止按钮 SB2，可以看到从站电机停止，看到主站指示灯 HL1 灭。主站指示灯 HL1 监视到了从站电机转动或停止状态。

图 18-34　主站插入空的组织块

当从站电机过载时，热继电器 FR（常闭触点）动作，可以看到该电机停止，并且看到主站指示灯 HL2 以 1Hz 频率报警闪烁。

在从站按下启动按钮 SB1，可以看到主站电机转动，看到从站指示灯 HL1 亮。在从站按下停止按钮 SB2，可以看到主站电机停止，看到从站指示灯 HL1 灭。从站指示灯 HL1 监视到了主站电机转动或停止状态。

当主站电机过载时，热继电器 FR（常闭触点）动作，可以看到该电机停止，并且看到从站指示灯 HL2 以 5Hz 频率报警闪烁。

满足上述情况，调试成功。如果不能满足，检查原因，纠正问题，重新调试，直到满足上述情况为止。

# 18.5　知识拓展（三台 PLC 之间 PROFIBUS-DP 不打包通信）

由三台 PLC 组成的一主二从 PROFIBUS-DP 不打包通信，PLC 的 CPU 模块为 CPU 314C-2 DP。其中有一个主站，两个从站。主站的 DP 地址为 2，从站 1 的 DP 地址为 3，从站 2 的 DP 地址为 4。控制要求：

（1）在主站按下启动按钮 SB1，从站 1 的电机转动，主站指示灯 HL1 亮。在主站按下停止按钮 SB2，从站 1 的电机停止，主站指示灯 HL1 灭。

（2）在主站按下启动按钮 SB1，从站 2 的电机转动，主站指示灯 HL2 亮。在主站按下停止按钮 SB2，从站 2 的电机停止，主站指示灯 HL2 灭。

项目解决方法简单介绍如下（参考前文）：

**步骤 1. 通信的硬件和软件配置**

**步骤 2. 通信的硬件连接**

确保断电接线。将 PROFIBUS 电缆与 DP 头连接，将 DP 头插到 3 个 CPU 模块的 DP 口。因主站和最后一个从站位置的两个 DP 头处于网络终端位置，所以网络器开关设置为 ON，因另一个 DP 头在中间位置，所以 DP 头的开关设置为 OFF。将 PC 适配器 USB 编程电缆的 RS485 端口插在 CPU 模块的 MPI 口，另一端插在编程器的 USB 口上。PROFIBUS-DP 通信的硬件连接如图 18-35 所示。

图 18-35　通信的硬件连接

### 步骤 3.　通信区设置

通信区设置如图 18-36 所示。

图 18-36　通信区设置

### 步骤 4.　通信组态过程

1）从站 1 网络组态及参数设置

根据通信区设置，从站 1 通信区如图 18-37 所示。

图 18-37　从站 1 输入区和输出区

2）从站 2 网络组态及参数设置

根据通信区设置，从站 2 通信区如图 18-38 所示。

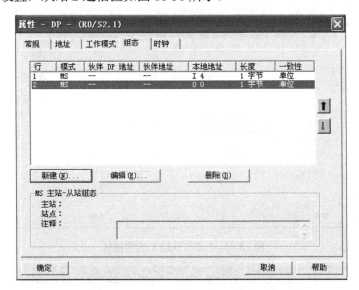

图 18-38　从站 2 输入区和输出区

3）主站网络组态及参数设置

将从站 1 和从站 2 分别连接到 PROFIBUS DP 主站系统网络线上，如图 18-39 所示。

图 18-39　从站 1 和从站 2 已连接到 PROFIBUS DP 主站系统网络线上

4）在从站 1 中编辑主站伙伴地址

主站与从站 1 的通信区如图 18-40 所示。

5）在从站 2 中编辑主站伙伴地址

主站与从站 2 的通信区如图 18-41 所示。

图 18-40　主站与从站 1 的通信区

图 18-41　　主站与从站 2 的通信区

**步骤 5. 下载硬件组态与网络组态**

通过 PC 适配器 USB 编程电缆，将主站、从站 1、从站 2 的硬件组态和网络组态分别下载到相应站的 PLC 中，下载结束后关闭 PLC 电源。

重新打开 PLC 电源，观察 CPU 模块上 SF 和 BF 指示灯是否为红色。如果是红色，说明组态过程中可能存在错误，也可能是通信硬件配置连接问题等，须检查、更正后，再保存编译，重新下载。SF 和 BF 指示灯不亮，且 DC5V 和 RUN 指示灯为绿色时，这一步骤就成功结束了。

**注意**：须在断电情况下，拔下与插上 PC 适配器 USB 编程电缆。

**步骤 6. 输入/输出地址分配**

**步骤 7.　输入/输出接线图**

步骤 8. 建立符号表

步骤 9. 编写通信程序

步骤 10. 中断处理

步骤 11. 联机调试

## 18.6　巩固练习十八

（1）由两台 PLC 组成一主一从 PROFIBUS-DP 不打包通信系统。CPU 模块均为 CPU 314C-2 DP，其中主站连接设备 A，从站连接设备 B，主站 DP 地址为 4，从站 DP 地址为 5。控制要求如下。

① 主站完成对设备 A 及从站设备 B 的启动或停止控制，且能对设备 A 和设备 B 的工作状态进行监视。

② 从站完成对设备 B 及主站设备 A 的启动或停止控制，且能对设备 A 和设备 B 的工作状态进行监视。

（2）由两台 PLC 组成一主一从 PROFIBUS-DP 网络不打包通信系统。CPU 模块均为 CPU 314C-2 DP，其中一台为主站，另一台为从站，主站 DP 地址为 6，从站 DP 地址为 7。控制要求如下。

① 在主站按下开关 SA，开关闭合，主站将 1Hz 闪烁信号发送至从站，从站指示灯 HL 闪烁。

② 在从站按下开关 SA，开关闭合，从站将 5Hz 闪烁信号发送至主站，主站指示灯 HL 闪烁。

（3）由两台 PLC 组成一主一从 PROFIBUS-DP 网络不打包通信系统。CPU 模块均为 CPU 314C-2 DP，其中一台为主站，另一台为从站，主站 DP 地址为 8，从站 DP 地址为 9。控制要求如下。

① 在主站通过变量表写入一个字节数据，该数据从主站发送到从站，从站接收后通过变量表能显示该数据。

② 在从站通过变量表写入一个字节数据，该数据从从站发送到主站，主站接收后通过变量表能显示该数据。

# 项目 19　两台 S7-300 PLC 之间 PROFIBUS-DP 打包通信

## 19.1　项目要求

由两台 S7-300 PLC 组成的 PROFIBUS-DP 打包通信系统中，PLC 的 CPU 模块为 CPU 314C-2 DP。有一个是主站，另一个是从站，主站 DP 地址为 2，从站 DP 地址为 3。

要求：通过在主站建立变量表，在主站变量表中写入（修改）24 个字节数据，该数据被发送到从站，从站接收到该数据后再把它发送到主站。在主站变量表中可以看到该 24 个字节数据。

## 19.2　学习目标

（1）掌握两台 S7-300 PLC 之间的 PROFIBUS-DP 打包通信的硬件、软件配置。

（2）掌握两台 S7-300 PLC 之间的 PROFIBUS-DP 打包通信的硬件连接。

（3）掌握两台 S7-300 PLC 之间的 PROFIBUS-DP 打包通信的通信区设置。

（4）掌握两台 S7-300 PLC 之间的 PROFIBUS-DP 打包通信网络组态及参数设置。

（5）掌握两台 S7-300 PLC 之间的 PROFIBUS-DP 打包通信编程及调试。

（6）掌握 SFC15 和 SFC14 指令的应用。

## 19.3　相关知识

一次传送数据达 4 个字节以上，则采用打包方式通信。打包通信须调用系统功能 SFC。STEP 7 提供了两个系统功能（SFC15 和 SFC14 指令）来完成数据的打包和解包功能。

### 19.3.1　SFC15 指令应用

SFC15 "DPWR_DAT" 写（发送）连续数据。在程序编辑器左侧目录中，单击库左边 "+"，单击 Standard Library 左边 "+"，单击 System Function Blocks 左边 "+"，双击 "SFC15 DPWR-DAT DP"，在程序代码编辑区界面中出现如图 19-1 所示指令。

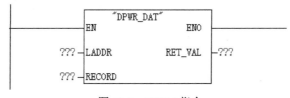

图 19-1　SFC15 指令

SFC15 指令的应用见表 19-1。

表 19-1　SFC15 指令的应用

| 引脚 | 数据类型 | 应用说明 |
| --- | --- | --- |
| EN | BOOL | 模块执行使能端 |
| LADDR | WORD | 本地通信区起始地址，该地址必须为十六进制格式。例如，起始地址十进制 10 表示为 LADDR:=W#16#A |
| RECORD | ANY | 待打包的数据存放区域。只允许使用数据类型 BYTE |
| RET_VAL | INT | 如果在功能激活时出错，则返回值将包含一个错误代码 |
| ENO | BOOL | 模块输出使能 |

## 19.3.2　SFC14 指令应用

SFC14 "DPRD_DAT" 读（接收）连续数据。在程序编辑器左侧目录中，单击库左边 "+"，单击 Standard Library 左边 "+"，单击 System Function Blocks 左边 "+"，双击 "SFC14 DPRD-DAT DP"，在程序代码编辑区界面中出现如图 19-2 所示指令。

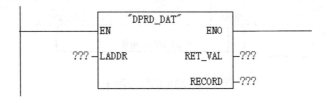

图 19-2　SFC14 指令

SFC14 指令的应用见表 19-2。

表 19-2　SFC14 指令的应用

| 引脚 | 数据类型 | 应用说明 |
| --- | --- | --- |
| EN | BOOL | 模块执行使能端 |
| LADDR | WORD | 本地通信区起始地址，该地址必须为十六进制格式。例如，诊断地址 10 表示为 LADDR:=W#16#A |
| RECORD | ANY | 解包后数据存放区。只允许使用数据类型 BYTE |
| RET_VAL | INT | 如果在功能激活时出错，则返回值将包含一个错误代码 |
| ENO | BOOL | 模块输出使能 |

# 19.4　项目解决步骤

**步骤 1. 通信的硬件和软件配置**

**硬件：**

（1）电源模块（PS 307 5A）2 个。

（2）紧凑型 S7-300 CPU（CPU 314C-2 DP，V2.6）2 个。

（3）MMC 卡 2 张。

（4）输入模块（DI16×DC24V）2 个。

（5）输出模块（DO16×DC24V/0.5A）2 个。

（6）DIN 导轨 2 根。

（7）PROFIBUS 电缆 1 根。

（8）DP 头 2 个。

（9）PC 适配器 USB 编程电缆（用于 S7-200/S7-300/S7-400 PLC 下载线）1 根。

（10）装有 STEP 7 编程软件的计算机（也称编程器）。

**软件：** STEP 7 V5.4 及以上版本编程软件。

**步骤 2. 通信的硬件连接**

确保断电接线。将 PROFIBUS 电缆与两个 DP 头连接，将 DP 头插到两个 CPU 模块的 DP 口。因主站与从站上 DP 头处于网络终端位置，所以 DP 头的开关设置为 ON，将 PC 适配器 USB 编程电缆的 RS485 端口插 CPU 模块的 MPI 口，另一端插在编程器的 USB 口上。PROFIBUS-DP 打包通信的硬件连接如图 19-3 所示。

图 19-3　通信的硬件连接

**步骤 3. 通信区设置**

主站与从站的通信区设置如图 19-4 所示。主站输出区（发送区）QB8~QB31 对应从站输入区（接收区）IB3~IB26。主站输入区（接收区）IB2~IB25 对应从站输出区（发送区）QB6~QB29。

图 19-4　通信区设置

**步骤 4. 新建项目**

新建一个项目，命名为"打包一主一从 DP 通信"，然后鼠标在项目上右击，插入两个 SIMATIC300 站点，分别将两个 SIMATIC300 站点重命名为"主站"和"从站"，如图 19-5 所示。

**步骤 5. 从站网络组态及参数设置**

（1）对从站进行组态。根据实际使用的硬件配置，通过软件对从站进行硬件组态，注意与硬件模块上面印刷的订货号一致。单击站点"从站"，双击"硬件"图标，然后插入导轨（Rail），在导轨上 1 号槽位插入电源模块（PS 307 5A）、2 号槽位插入 CPU 模块（CPU 314C-2 DP，V2.6）、3 号槽位空闲、4 号槽位插入输入模块 DI16×DC24V、5 号槽位插入输出模块 DO16×DC24V/0.5A，然后在 CPU 314C-2 DP 模块上双击"DP"行，如图 19-6 所示。

图 19-5　两个 SIMATIC300 站点重命名

图 19-6　从站进行硬件组态

产生如图 19-7 所示界面。单击"常规"页签，单击"属性"按钮。

图 19-7　从站属性

（2）项目要求从站地址设置为 3，于是将 DP 地址更改为 3。单击"新建"按钮。如图 19-8 所示。

图 19-8　DP 地址更改为 3

（3）单击"网络设置"→单击"12Mbps" 完成传输率选择，单击"DP" 完成配置文件选择，单击"确定"按钮。如图 19-9 所示。

图 19-9　新建 PROFIBUS-DP 网

显示如图 19-10 所示，从站 DP 地址为 3，传输率为 12Mbps，单击"确定"按钮。

属性窗口中单击"常规"页签，显示接口类型：PROFIBUS；地址：3；已联网：是。如图 19-11 所示。

（4）单击"工作模式"页签，单击"DP 从站"，单击"确定"按钮，如图 19-12 所示。

（5）单击"组态"页签，对输入/输出通信区组态，单击"新建"按钮，如图 19-13 所示。

（6）根据本项目解决步骤中的步骤 3 通信区设置，对输入区进行设置，从站地址类型选择"输入"，地址：3，表示开始地址为 3（即 IB3）；长度：24，表示 24 个字节的长度，从 IB3 到 IB26；单位：字节；一致性：全部，而不是单位。单击"确定"按钮。如图 19-14 所示。

图 19-10　DP 地址与传输率

图 19-11　属性窗口

图 19-12　工作模式选择 DP 从站

图 19-13　通信区组态

图 19-14　组态接收区数据

**（7）根据本项目解决步骤中的步骤 3 通信区设置**，对输出区进行设置，单击"新建"按钮，从站地址类型选择"输出"，地址：6，表示开始地址为 6 即 QB6；长度：24，表示 24 个字节长度，从 QB6~QB29；单位：字节；一致性：全部，不是单位。单击"确定"按钮。如图 19-15 所示。

当一致性选择"单位"时，则以字节发送和接收数据，如果数据到达从站接收区不在同一时刻，从站可能会不在同一周期处理完接收区数据。如果需要从站必须在同一周期处理完这些数据，可选择"全部"，编程时调用 DPWR-DAT 打包发送，调用 DPRD-DAT 解包接收。

从站通信区组态见图 19-16。可以看到从站接收区起始地址为 I3（即 IB3），长度为 24 个字节。发送区起始地址为 O6（即 QB6），长度为 24 个字节。

**注意：** O6 第一个字母是 O，不是 0。

图 19-15 组态发送区数据

图 19-16 从站通信区组态

（8）回到从站硬件配置，单击"保存并编译"按钮。

**说明**：从图 19-16 中可知，对从站输入区和输出区进行了组态，输入区（接收区）IB3~IB26 用于从站接收主站发送来的信息。输出区（发送区）QB6~QB29 用于从站向主站发送信息。

输入区与输出区不能跟本站已有模块输入与输出端子地址相冲突。

伙伴 DP 地址：是指主站 DP 地址，这里是 2，还没有对主站设置，此时显示虚线。

伙伴地址：是指主站地址，是输出区（发送区）和输入区（接收区）的首地址，不能与本站已有模块端子地址区域相冲突。还没有对主站设置，此时显示虚线。已有模块端子地址区域可以通过硬件组态默认值看到。

模式选 MS（主站与从站之间模式），不要选择 DX 模式。

**步骤 6. 对主站进行网络组态及参数设置**

（1）双击"主站"，然后双击"硬件"。

259

（2）根据实际使用的硬件配置，通过软件对主站进行硬件组态，注意与硬件模块上面印刷的订货号一致。单击站点"主站"，双击"硬件"图标，然后插入导轨（Rail），在导轨上 1 号槽位插入电源模块（PS 307 5A）、2 号槽位插入 CPU 模块（CPU 314C-2 DP，V2.6）、3 号槽位空闲、4 号槽位插入输入模块 DI16×DC24V、5 号槽位插入输出模块 DO16×DC24V/0.5A，然后在 CPU 314C-2 DP 模块上双击"DP"行，单击"工作模式"页签，单击"DP 主站"，如图 19-17 所示。

图 19-17　工作模式下选择 DP 主站

（3）单击"常规"，单击"属性"按钮。如图 19-18 所示。

图 19-18　DP 接口

单击"参数"页签，DP 地址设置为"2"。

单击"新建"按钮，单击"网络设置"按钮，选择传输率"12Mbps"和配置文件"DP"，单击"确定"按钮。

显示如图 19-19 所示，DP 地址为"2"，子网为"PROFIBUS（1）  12Mbps"，单击"确定"按钮。

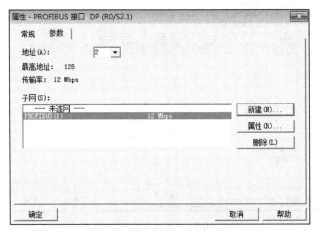

图 19-19  新建子网

可以看到接口类型：PROFIBUS；地址：2；已联网：是。

（4）见图 19-20。单击 PROFIBUS DP 左边"+"→单击 Configured Stations 左边"+"→将"CPU 31x"拖到"PROFIBUS（1）：DP 主站系统（1）"线上。

图 19-20  从站连接到主站

显示如图 19-21 所示。单击"连接（C）"按钮→单击"确定"按钮。

（5）在从站中编辑主站，双击 PROFIBUS：DP 主站系统（1）下挂的"从站"，如图 19-22 所示。

（6）在从站上编辑主站，单击第一行，从站的输入区 IB3~IB26 已经定下来，主站就是输出区，就是伙伴地址，单击"编辑"按钮，如图 19-23 所示。

（7）编辑伙伴地址。**根据本项目解决步骤中的步骤 3 通信区设置**，地址类型：输出；地址：8；长度：24；单位：字节；一致性：全部。可以得出 QB8~QB31 就是输出区（发送区），为从 QB8 开始的 24 个字节。如图 19-24 所示。

图 19-21　从站连接到主站

图 19-22　双击从站

图 19-23　编辑第一行

图 19-24　编辑主站输出区

（8）**编辑伙伴地址。**在图 19-23 中，单击第二行，单击"编辑"按钮。**根据本项目解决步骤中的步骤 3 通信区设置，**地址类型：输入；地址：2；长度：24；单位：字节；一致性：全部。可以得出 IB2~IB25 就是输入区（接收区），为从 IB2 开始的 24 个字节。如图 19-25 所示。

图 19-25　编辑主站输入区

组态好的主站与从站通信区如图 19-26 所示，**必须与本项目解决步骤中的步骤 3 通信区设置一致。**

图 19-26　组态好的主站与从站通信区

（9）单击"确定"按钮后回到主站的硬件组态，单击"保存并编译"按钮，退出主站的硬件组态。

**步骤 7.下载硬件和网络组态**

通过 PC 适配器 USB 编程电缆，将组态后的主站、从站的硬件和网络组态分别下载到相应站的 PLC 中，下载结束后关闭 PLC 电源。

重新打开 PLC 电源，观察 CPU 模块上 SF 和 BF 指示灯是否为红色。如果是红色，说明组态过程中可能存在错误，也可能是通信硬件配置连接问题等，须检查、更正后，再保存编译，重新下载。SF 和 BF 指示灯不亮，且 DC5V 和 RUN 指示灯为绿色时，这一步骤才算成功结束了。

**注意**：须在断电情况下，拔下与插上 PC 适配器 USB 编程电缆。

打包通信程序讲解

**步骤 8. 编写通信程序**

（1）主站程序：

主站发送区为 QB8～QB31，起始地址为 8，即 W#16#8。发送的数据存储在 MD20～MD40 中。

接收区为 IB2～IB25，起始地址为 2，即 W#16#2。接收的数据存储在 MD50~MD70 中。

根据项目要求编写主站程序，如图 19-27 所示。

（2）从站程序：

从站发送区为 QB6～QB29，起始地址为 6，即 W#16#6。发送的数据存储在 MD60～MD80 中。

接收区为 IB3～IB26，起始地址为 3，即 W#16#3。接收的数据存储在 MD60~MD80 中。

根据项目要求编写从站程序，如图 19-28 所示。

**程序段 1：发送数据**

发送的数据存储在MD20~MD40中。
发送区QB8~QB31，起始地址8，即W#16#8。

**程序段 2：接收数据**

接收区IB2~IB25，起始地址2，即W#16#2。
接收的数据存储在MD50~MD70中。

图 19-27 主站程序

**程序段 1：接收数据**

接收区IB3~IB35，起始地址3，即W#16#3。
接收的数据存储在MD60~MD80中。

**程序段 2：发送数据**

发送的数据存储在MD60~MD80中。
发送区QB6~QB29，起始地址6，即W#16#6。

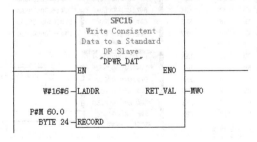

图 19-28 从站程序

### 步骤 9. 中断处理

采用 PROFIBUS-DP 总线，所能连接从站个数与 CPU 类型有关，最多可以连接 125 个从站，为防止某一个从站掉电或者损坏，将产生不同的中断，并且调用相应的组织块，如果在程序中没有建立这些组织块，CPU 将停止运行，以保护人身和设备的安全，因此在主站和从站右击"块"，分别插入 OB82、OB86 和 OB122 组织块，以便进行相应的中断处理。如果忽略这些故障让 CPU 继续运行，可以对这几个组织块不编写任何程序，只插入空的组织块。以主站为例，如图 19-29 所示。

图 19-29　主站插入空的组织块

### 步骤 10. 联机调试

确保 PROFIBUS 的紫色电缆及其他连线连接正确的情况下，在 SIMATIC 管理器下，通过站点方式下载，将主站和从站的硬件组态、网络组态和程序分别下载到各自对应的 PLC 中。

在 SIMATIC 管理器下，右击"块"，插入变量表，插入注释行，主站发送的数据"DW#16#77、88、99、AA、BB、CC"存储在 MD20~MD40 中，经 SFC15 发送至从站，从站以 SFC14 接收该数据后送到 MD60~MD80，再经 SFC15 发送该数据至主站，主站以 SFC14 接收到数据"DW#16#77、88、99、AA、BB、CC"后送至 MD50~MD70。在主站可以观察到发送数据和接收的数据是一致的。如图 19-30 所示。

图 19-30　变量表监控

满足上述情况，调试成功。如果不能满足，检查原因，纠正问题，重新调试，直到满足上述情况为止。

## 19.5　巩固练习十九

（1）由两台 PLC 组成一主一从 PROFIBUS-DP 网络打包通信。CPU 模块为 CPU 314C-2 DP，主站 DP 地址为 10，从站 DP 地址为 11。控制要求：

① 主站发送 32 个字节数据到从站，从站发送 32 个字节数据到主站。

② 通过建立变量表，在主站变量表上修改 32 个字节数据，发送到从站，在从站变量表上可以看到该数据。

③ 在从站变量表上修改 32 个字节数据，再发送到主站，在主站变量表上可以看到该数据。

（2）由三台 PLC 组成一主二从 PROFIBUS-DP 网络打包通信。CPU 模块为 CPU 314C-2 DP，其中一台为主站，另两台为从站，主站 DP 地址为 10，从站 1 的 DP 地址为 11，从站 2 的 DP 地址为 12。控制要求：

① 主站发送 32 个字节数据到从站 1，从站 1 发送 32 个字节数据到主站。通过建立变量表，在主站变量表上修改 32 个字节数据，发送到从站 1，在从站 1 变量表上可以看到该数据；在从站 1 变量表上修改 32 个字节数据，再发送到主站，在主站变量表上可以看到该数据。

② 主站发送 32 个字节数据到从站 2，从站 2 发送 32 个字节数据到主站。通过建立变量表，在主站变量表上修改 32 个字节数据，发送到从站 2，在从站 2 变量表上可以看到该数据；在从站 2 变量表上修改 32 个字节数据，再发送到主站，在主站变量表上可以看到该数据。

# 项目 20 两台 S7-300 PLC 之间的工业以太网通信（S7 连接）

## 20.1 项目要求

由两台 S7-300 PLC 组成的工业以太网通信系统中，PLC 的 CPU 模块均为 CPU 314C-2 PN/DP，通过 CPU 集成的 PN 口连接网络。把两台 PLC 分别命名为甲站、乙站。采用连接方式为 S7 连接。

要求：在甲站向变量表 MB80～MB83 中写入 4 个字节的数据，例如"1A"、"2B"、"3C"、"4D"，然后该数据被发送到乙站，在乙站接收到该数据后通过变量表 MB90～MB93 显示该数据。

## 20.2 学习目标

（1）理解工业以太网定义。
（2）熟悉工业以太网通信介质。
（3）了解带 PN 口 CPU 模块。
（4）掌握两台 S7-300 PLC 之间的 S7 连接工业以太网通信硬件与软件配置。
（5）掌握两台 S7-300 PLC 之间的 S7 连接工业以太网通信硬件连接。
（6）掌握两台 S7-300 PLC 之间的 S7 连接工业以太网通信硬件组态及参数设置。
（7）掌握两台 S7-300 PLC 之间的 S7 连接工业以太网通信的编程及调试。
（8）掌握 FB12（BSEND）发送和 FB13(BRCV)接收指令应用。

## 20.3 相关知识

### 20.3.1 工业以太网定义及通信介质

#### 1. 工业以太网定义

所谓工业以太网一般来讲是指技术上与商用以太网兼容，但在产品设计时，在材质的选用、产品的强度、适用性以及实时性、可互操作性、可靠性、抗干扰性和本质安全等方面满足工业现场需要的一种以太网。

随着技术的发展，以太网以很高的市场占有率，促使工控领域的各大厂商纷纷研发出适合自己工控产品且兼容性强的工业以太网，其中应用最为广泛的工业以太网之一是德国西门子公司研发的工业以太网。它提供了开放的、适用于工业环境下各种控制级别的通信系统。

西门子工业以太网基本类型：10Mbps 工业以太网、100Mbps 快闪以太网。

### 2. 工业以太网通信介质

西门子工业以太网可以采用双绞线、光纤、无线方式进行通信。

四芯双绞线如图 20-1 所示。

图 20-1　四芯双绞线

## 20.3.2　四芯双绞线与 RJ45 接头连接过程

（1）在 RJ45 接头上量取四芯双绞线剥皮长度，大约 20 毫米左右。如图 20-2 所示。

西门子以太网金属水晶接头（RJ45 接头）结构如图 20-3 所示。

图 20-2　量取四芯双绞线剥皮长度

图 20-3　RJ45 接头

（2）四芯双绞线屏蔽层可以缠绕在 4 芯线周围，其余剪掉，如图 20-4 所示。

（3）将四芯线颜色与水晶头孔上的颜色对应插入到水晶头孔里，如图 20-5 所示。

图 20-4　做完的四芯双绞线

图 20-5　四芯线插入到水晶头孔里

（4）按下带有颜色标识的塑料盖，刀口会切破四芯线，形成与四芯线的金属连接，屏蔽层压在正确金属位置，如图 20-6 所示。

（5）盖上金属盖，旋紧金属端。如图 20-7 所示。

图 20-6  刀口切破四芯线与屏蔽层压在正确金属位置

图 20-7  盖上金属盖并旋紧金属端

### 20.3.3  带 PN 口的 CPU 模块外形

以 CPU 314C-2 PN/DP 为例，有两个集成 PN 接口，一个 MPI/DP 接口，通过软件选择使用 MPI 接口或者 DP 接口，其正面外形如图 20-8 所示。

### 20.3.4  FB12（BSEND）发送指令应用

寻找双边通信功能块 FB12（BSEND）发送指令：在程序编辑器左侧目录中，单击库左边"+"，单击 Standard Library 左边"+"，单击 Communication Blocks 左边"+"，双击"FB12 BSEND CPU_300"，如图 20-9 所示。

图 20-8  CPU 314C-2 PN/DP 正面外形

**注意**：这是 CPU 集成 PN 口的指令寻找路径。

在程序代码编辑区界面中出现 FB12（BSEND）发送指令，如图 20-10 所示，其中"???"位置可改为"使用数据块"。

图 20-9  指令路径

图 20-10  FB12（BSEND）发送指令

FB12（BSEND）发送指令的应用如表 20-1 所示。

表 20-1 FB12（BSEND）指令的应用

| 引脚 | 数据类型 | 应用说明 |
|---|---|---|
| EN | BOOL | 模块执行使能端，为 1 时，模块准备发送数据 |
| REQ | BOOL | 上升沿触发数据发送 |
| R | BOOL | 上升沿触发停止数据发送 |
| ID | WORD | 连接 ID 号，WORD 型数据 |
| R-ID | DWORD | 发送与接收数据包的连接通道号，发送端与接收端功能块指令连接通道号相同。DWORD 型数据 |
| DONE | BOOL | 数据发送作业状态，为"1"时，发送完成，为"0"时，未发送完 |
| ERROR | BOOL | 与 STATUS 配合使用，通信的报错状态 |
| STATUS | WORD | 用数字表示通信错误类型 |
| SD-1 | ANY | 发送数据存储区，可使用指针，可用位存储器或数据块 |
| LEN | WORD | 发送数据的长度，例如发送几个字节 |
| ENO | BOOL | 模块输出使能 |

## 20.3.5 FB13（BRCV）接收指令应用

寻找双边通信功能块 FB13（BRCV）接收指令：在程序编辑器左侧目录中，单击库左边"+"，单击 Standard Library 左边"+"，单击 Communication Blocks 左边"+"，双击"FB13 BRCV CPU_300"，如图 20-11 所示。

**注意**：这是 CPU 集成 PN 口的指令寻找路径。

在程序代码编辑区界面中出现 FB13（BRCV）接收指令，如图 20-12 所示。指令的"???"处改为"使用数据块"。

图 20-11 指令路径　　　　　　图 20-12 FB13（BRCV）接收指令

FB13（BRCV）接收指令的应用如表 20-2 所示。

表 20-2 FB13（BRCV）接收指令的应用

| 引脚 | 数据类型 | 应用说明 |
|---|---|---|
| EN | BOOL | 模块执行使能端，为 1 时，模块才能接收数据 |
| EN-R | BOOL | 为"1"时，准备接收数据 |
| ID | INT | 连接 ID 号 |
| R-ID | DWORD | 发送与接收数据包的连接通道号，发送端与接收端功能块指令连接通道号相同。DWORD 型数据 |

续表

| 引脚 | 数据类型 | 应用说明 |
|---|---|---|
| NDR | BOOL | 作业启动与否标志 |
| ERROR | BOOL | 与 STATUS 配合使用，表示通信的报错状态 |
| STATUS | WORD | 用数字表示通信错误类型 |
| RD-1 | ANY | 接收数据存储区，可使用指针，可用位存储器或数据块 |
| LEN | WORD | 接收到的数据长度 |
| ENO | BOOL | 模块输出使能 |

另外，通信双方的 R-ID 连接通道号必须相同，否则不能通信，这个值可由用户自己设定。通信双方的 ID 号可能相同，也可能不同，取决于通信时采用的是哪一条连接通道，一旦连接通道确定下来，则编程的时候双方的 ID 号就已经定下来了。

## 20.3.6 真实 S7-300 PLC 的以太网下载

**步骤 1. 硬件组态下载**

在下载整个项目 SIMATIC 300 站点（包括硬件组态和程序等）之前，最好先下载硬件组态，然后下载整个项目时会默认使用硬件组态时指定的目的站地址进行下载。

（1）四芯双绞线与 RJ45 接头（水晶头）连接完成后，可作为以太网下载线，一端插在编程器（计算机）上，另一端插在 PLC 以太网口（PN 口）上。

（2）编程器的 IP 地址与 PLC 设定的 IP 地址前三个数相同，最后一个数不同。本例中编程器（计算机）的 IP 为 192.168.127.1，如图 20-13 所示。

（3）在桌面上双击"SIMATIC Manager"软件图标，新建项目，完成硬件组态，在硬件组态（HW Config）界面中，双击"PN-IO"行，如图 20-14 所示。

图 20-13　编程器 IP 地址

图 20-14　硬件组态界面

（4）在属性界面中，单击"参数"页签，IP 地址设置为"192.168.127.6"，编程器的 IP 地址为 192.168.127.1，它们的 IP 地址已经是前三个数相同，最后一个数不同。子网掩码为

255.255.255.0，如图 20-15 所示。

图 20-15　设置 PLC 的 IP 地址

（5）回到 SIMATIC Manager 界面中，单击"选项"，单击"设置 PG/PC 接口"，如图 20-16 所示。

图 20-16　进入设置 PG/PC 接口

（6）在设置 PG/PC 接口界面中，单击"TCP/IP（Auto）"，单击"确定"按钮，如图 20-17 所示。

（7）在如图 20-18 所示的警告界面中单击"确定"按钮。

（8）回到硬件组态界面，单击"PLC"按钮，选择"Ethernet"→"编辑 Ethernet 节点（E）"菜单命令，如图 20-19 所示。

图 20-17 设置 PG/PC 接口

图 20-18 访问路径更改

图 20-19 编辑 Ethernet 节点

（9）在编辑 Ethernet 节点界面中，单击"浏览"按钮，搜索到 2 个可访问的节点，单击选中要下载 PLC 的 MAC 地址"28-63-36-4C-63-C5"，真实 PLC 的 MAC 地址印刷在 CPU 模块上，单击"确定"按钮。如图 20-20 所示。

单击"分配 IP 组态"，在参数已成功传送界面中，单击"确定"按钮。如图 20-21 所示。

（10）回到硬件组态界面中，单击"保存并编译"按钮，单击"下载"，在出现的选择目标块界面中，单击"确定"。如图 20-22 所示。

（11）在出现的选择节点地址界面中，单击"显示"按钮，可显示可访问的节点。如图 20-23 所示。

在选择节点地址界面中，单击可访问节点的 CPU 的 MAC 地址，单击"更新"按钮。如图 20-24 所示。

如果下载到模块界面提示所组态的模块（离线）不同于目标模块（在线），只是看到站点名称不一样，后面有叹号，这个没关系，可以单击"确定"按钮。如图 20-25 所示。

图 20-20　搜索到节点

图 20-21　分配 IP 组态

图 20-22　下载

图 20-23　显示可访问的节点

图 20-24　选择访问的节点

图 20-25　下载模块界面

出现停止目标模块界面，单击"确定"按钮。如图 20-26 所示。

出现如图 20-27 所示的提示界面，单击"确定"按钮。至此，硬件组态下载就完成了。

图 20-26　停止目标模块　　　　　　　　　　图 20-27　是否启动该模块

### 步骤 2. "SIMATIC 300(1)" 站点下载

在上面硬件组态下载成功基础上，程序编写完后，可以进行"SIMATIC 300(1)"站点（包含硬件组态、程序等）整个项目的下载。

在 SIMATIC Manager 界面中，单击"SIMATIC 300(1)"站点，单击"下载"按钮，将整个项目下载到 PLC 中。如图 20-28 所示。

图 20-28　SIMATIC 300(1)站点下载

出现如图 20-29 所示的提示界面，单击"是"按钮。

出现停止目标模块界面，单击"确定"按钮。如图 20-30 所示。

图 20-29　下载提示

图 20-30　停止目标模块界面

出现如图 20-31 所示界面，单击"是"按钮。

出现如图 20-32 所示界面，单击"是"按钮。

图 20-31　下载提示

图 20-32　下载提示

出现如图 20-33 所示界面，单击"是"按钮。

图 20-33　下载提示

"SIMATIC 300(1)"站点下载成功后，就可以进行以太网的监控和联机调试了。如果还需要下载，直接以"SIMATIC 300(1)"站点方式下载。

# 20.4　项目解决步骤

**步骤 1. 通信的硬件和软件配置**

硬件：

（1）电源模块（PS307 5A）2 个。

（2）CPU 模块（CPU 314C-2 PN/DP）2 个。

（3）MMC 卡 2 张。

（4）导轨 2 根。

（5）用于组网的带水晶头的 4 芯双绞线 1 根。

（6）用于以太网下载的带水晶头的 4 芯双绞线 1 根（也可以选择 PC 适配器 USB 编程电缆 2 根）。

（7）装有 STEP7 V5.4 及以上版本编程软件的计算机 1 台。

**软件：** STEP7 V5.4 及以上版本编程软件。

**步骤 2. 通信的硬件连接**

确保断电接线。通信的硬件连接如图 20-34 所示。

图 20-34　通信的硬件连接

**步骤 3. 新建项目**

新建一个项目，命名为"两台-S7 连接双边以太网"，然后鼠标在项目上右击插入 SIMATIC300（1）、SIMATIC300（2）站点，分别重新命名为"甲站"、"乙站"，如图 20-35 所示。

**步骤 4. 甲站、乙站硬件组态及参数设置**

**（1）甲站硬件组态及参数设置。** 根据实际使用的硬件配置，通过 STEP7 编程软件对甲站进行硬件组态，注意与硬件模块上面印刷的订货号一致。

图 20-35　新建项目及重命名

在 SIMATIC Manager 界面中，双击甲站的"硬件"图标，插入导轨"Rail"，在导轨 1 号插槽插入电源模块（PS 307 5A）；2 号插槽插入 CPU 模块（CPU 314C-2 PN/DP），此时会弹出一个属性-Ethernet 接口对话框，单击"参数"页签，IP 地址设置为"192.168.127.4"，子网掩码设置为"255.255.255.0"。单击"新建"按钮。如图 20-36 所示。

**注意：** 甲站 IP 地址的前三个数与编程器 IP 地址前三个数要相同，最后一个数要不同。可以先查看编程器 IP 地址（本例中编程器 IP 地址前三个数为 192.168.127），然后使得甲站 IP 地址与编程器 IP 地址前三个数相同，即甲站 IP 地址前三个数也设置为 192.168.127，它们 IP 地址最后一个数要不同。

新建子网，名称为"Ethernet（1）"，单击"确定"按钮。

在以太网属性接口界面中，单击"新建"按钮，单击"Ethernet(1)"，单击"确定"按钮。如图 20-37 所示。

图 20-36　以太网属性接口界面（一）

图 20-37　以太网属性接口界面（二）

回到硬件组态界面，双击"CPU 314C-2 PN/DP"，单击"周期/时钟存储器"图标，勾选"时钟存储器"，存储器字节修改为"100"，单击"确定"按钮。

在硬件组态界面，单击"保存并编译"按钮。

**（2）乙站硬件组态及参数设置。**据实际使用的硬件配置，通过 STEP7 编程软件对乙站进行硬件组态，注意与硬件模块上面印刷的订货号一致。在 SIMATIC Manager 界面中，双击乙站的"硬件"图标，插入导轨 Rail，在导轨上 1 号插槽插入电源模块（PS 307 5A）；2 号插槽插入 CPU 模块（CPU 314C-2 PN/DP），会弹出一个属性-Ethernet 接口对话框，单击"参数"按钮，IP 地址设置为"192.168.127.5"，子网掩码设置为"255.255.255.0"。单击"Ethernet（1）"，单击"确定"按钮，如图 20-38 所示。

**注意：**乙站 IP 地址的前三个数与编程器 IP 地址前三个数要相同，最后一个数要不同，具体操作参见前文。

图 20-38　以太网属性接口界面

回到硬件组态界面，双击"CPU 314C-2 PN/DP"，单击"周期/时钟存储器"图标，勾选"时钟存储器"，存储器字节修改为"100"，单击"确定"按钮。

在硬件组态界面，单击"保存并编译"按钮。

**步骤 5.组态网络，建立 S7 连接**

在 SIMATIC 管理器界面中，单击项目名称"两台-S7 连接双边以太网"，单击"Ethernet(1)"图标，出现如图 20-39 所示界面。

图 20-39　甲站与乙站连到以太网

在 NetPro 界面中，右击甲站"CPU 314C-2 PN/DP"，单击"插入新连接"，如图 20-40

所示。

图 20-40　通过甲站插入新连接

在插入新连接界面中，显示乙站，将甲站与乙站建立连接，单击乙站的"CPU　314C-2
PN/DP"，连接类型选择"S7 连接"，单击"确定"按钮。如图 20-41 所示。

图 20-41　与乙站的 S7 连接

在 S7 连接属性界面中，本地连接端点选择"建立主动连接"，注意"本地 ID（十六进
制）"采用默认设置，并且要记住，后面编程要用到。在连接路径中，本地端口为甲站，伙
伴端口为乙站，甲站 IP 地址为 192.168.127.4，乙站 IP 地址为 192.168.127.5。单击"确定"按
钮。如图 20-42 所示。为了不产生混乱，ID 号以后都采用默认值。

图 20-42　S7 连接属性界面

回到 NetPro 界面中，单击甲站"CPU 314C-2 PN/DP"，可以显示该站所建立的连接情况。包括 ID 号、通信双方站点、连接类型等。用户可以双击某个连接以便修改该连接的参数。

单击"保存并编译"按钮。如图 20-43 所示。

图 20-43　NetPro 界面

到此为止，网络内建立了 1 条连接，它们之间的关系如表 20-3 所示。

表 20-3　ID 号与站之间连接关系

| 站名 | 甲站 | 乙站 |
|---|---|---|
| ID 号 | 本地 ID=1 | 伙伴 ID=1 |
| 站之间连接关系 | ←———————————————————→ | |
| R-ID | 甲站与乙站 R-ID 为 1 | |

选择"编译并检查全部"，单击"确定"按钮。如图 20-44 所示。

一致性检查输出无错误后，关闭该对话框，编译结束。编译的结果如图 20-45 所示。

图 20-44　保存并编译界面

图 20-45　保存并编译后的界面

如果编译有错误，则根据报错信息，找出错误所在并改正，直到编译无错误为止。

**步骤 6. 下载硬件组态与参数（参见以太网下载）**

在硬件组态界面，通过以太网方式下载。

工业以太网通信程序讲解

**注意**：编程器（计算机）IP 地址和 PLC 站的 IP 地址的前三个数相同，最后一个数不同。将组态后的两个站的硬件组态及参数设置分别下载到对应的 PLC 中。

**步骤 7. 编写通信程序**

根据项目要求编写甲站程序，如图 20-46 所示。

图 20-46　甲站程序

283

根据项目要求编写乙站程序，如图 20-47 所示。

图 20-47　乙站程序

**注意：** 在发送指令中，REQ 的引脚连 M100.5，它可以发出频率为 1Hz 的脉冲，在脉冲的上升沿触发数据发送，而在 EN-R 端用的是常闭触点，或者引脚连接存储区为 "1"，使得 FB13 指令处于准备接收状态。通信双方的 R-ID 必须相同，否则不能通信，这个值可由用户自己设定。通信双方的 ID 号可能相同，也可能不同，ID 号取决于通信时采用的是哪一条连接关系，一旦连接关系定下来，则编程双方的 ID 号就确定下来了。例如甲站与乙站的连接关系，甲站 ID=1，乙站 ID=1。

**步骤 8. 变量表调试**

确保以太网电缆及其他连线连接正确的情况下，在 SIMATIC 管理器下，甲站与乙站分别插入 OB80、OB82、OB85、OB86、OB87、OB121、OB122 及变量表。如图 20-48 所示。

图 20-48　插入块及变量表

通过以太网下载线，用站点方式下载，将甲站、乙站硬件组态、参数和程序等分别下载到各自对应的 PLC 中。

在 SIMATIC 管理器下，双击甲站变量表，插入注释行，甲站通过变量表在 MB80～MB83 中输入 4 个字节的数据，分别为 "1A"、"2B"、"3C"、"4D"，MW30=W#16#0004。单击 "监视变量"，单击"修改变量"，甲站把 4 个字节数据发送到乙站，如图 20-49 所示。

图 20-49　甲站变量表调试

在 SIMATIC 管理器下，双击乙站变量表，插入注释行，设置 M10.0=1，单击"监视变量"，单击"修改变量"，乙站接收到 4 个字节数据后，通过变量表在 MB90～MB93 中显示该数据（"1A"、"2B"、"3C"、"4D"），如图 20-50 所示。

图 20-50　乙站变量表调试

满足上述情况，变量表调试成功。如果不能满足，检查原因，纠正问题，重新调试，直到满足上述情况为止。

## 20.5　知识拓展

由三台 S7-300 PLC 组成的工业以太网通信中，PLC 的 CPU 模块均为 CPU 314C-2 PN/DP，通过 CPU 集成的 PN 口连接网络。把三台 PLC 分别命名为甲站、乙站、丙站。连接方式为 S7 连接。ID 号、站之间连接关系、R-ID 分别如表 20-4 所示。

表 20-4　ID 号、站之间连接关系及 R-ID

| 站名 | 甲站 | 乙站 | 丙站 |
|---|---|---|---|
| ID 号 | 本地 ID=1 | 伙伴 ID=1 | |
| 站之间连接关系 | ←————————————→ | | |
| R-ID | 甲站与乙站 **R-ID** 为 1 | | |
| ID 号 | | 本地 ID=2 | 伙伴 ID=1 |
| 站之间连接关系 | | ←————————————→ | |
| R-ID | | 乙站与丙站 **R-ID** 为 2 | |
| ID 号 | 伙伴 ID=2 | | 本地 ID=2 |
| 站之间连接关系 | ←——————————————————————→ | | |
| R-ID | 甲站与丙站 **R-ID** 为 3 | | |

## 20.6　巩固练习二十

（1）网上搜索工业以太网通信介质的图片并附上简短说明文字，用于课堂交流。

（2）网上搜索工业以太网通信模块与带 PN 口 CPU 模块图片并附上简短说明文字，用于课堂交流。

（3）由两台 S7-300 PLC 组成的工业以太网通信系统中，PLC 的 CPU 模块为 CPU 314C-2 PN/DP。其中一台 PLC 命名为甲站，另一台 PLC 命名为乙站，连接方式采用 S7 连接。

要求：在甲站通过变量表写入 8 个字节数据，甲站发送该数据至乙站，乙站接收到这个数据后再把它发送至甲站，在甲站通过变量表可以显示该数据。

（4）由两台 S7-300 PLC 组成的工业以太网通信系统中，PLC 的 CPU 模块为 CPU 314C-2 PN/DP。其中一台 PLC 命名为甲站，另一台 PLC 命名为乙站，连接方式采用 S7 连接。

要求：① 在甲站发送 1Hz 闪烁信号到乙站，乙站接收到信号并且指示灯 HL 闪烁。

② 在乙站发送 5Hz 闪烁信号到甲站，甲站接收到信号并且指示灯 HL 闪烁。

（5）由三台 S7-300 PLC 组成的工业以太网通信系统中，PLC 的 CPU 模块均为 CPU 314C-2 PN/DP，通过 CPU 集成的 PN 口连接网络。把三台 PLC 分别命名为甲站、乙站、丙站。连接方式为 S7 连接。

要求：甲站通过变量表在 MB0～MB3 中写入 4 个字节的数据，甲站把该数据发送到乙站，乙站接收到该数据后，把它发送到丙站，丙站接收到该数据后把它发送给甲站，甲站通过变量表在 MB90～MB93 中显示该数据。

# 参 考 文 献

[1] 胡学林. 可编程控制器原理及应用（第 2 版）. 北京：电子工业出版社，2012.7.

[2] 童泽. PLC 职业技能教程. 北京：电子工业出版社，2011.8.

[3] 张胜宇. 可编程控制器实训项目式教程. 北京：电子工业出版社，2012.7.

[4] 姜新桥. 石建华. PLC 应用技术项目教程. 北京：电子工业出版社，2010.8.

[5] 向晓汉. PLC 控制技术与应用. 北京：清华大学出版社，2010.12.

[6] 郑凤翼. 例说西门子 S7-300/400 系列 PLC. 北京：机械工业出版社，2011.3.

[7] 阳胜峰，吴志敏. 图解西门子 S7-300/400PLC 编程技术. 北京：中国电力出版社，2010.5.

[8] 胡学林. 可编程控制器教程（提高篇）. 北京：电子工业出版社，2005.8.

[9] 廖常初. 跟我动手学 S7-300/400PLC. 北京：机械工业出版社，2010.9.

[10] 刘华波. 何文雪. 王雪. 西门子 S7-300/400PLC 编程与应用. 北京：机械工业出版社，2009.10.

[11] 廖常初. S7-300/400PLC 应用教程. 北京：机械工业出版社，2011.12.

[12] 金沙，郑凤翼. 轻松看懂 PLC 控制系统梯形图. 北京：中国电力出版社，2008.

[13] 陈海霞，柴瑞娟，任庆海，孙承志. 西门子 S7-300/400PLC 编程技术及工程应用. 北京：机械工业出版社，2011.12.

[14] 秦益霖. 西门子 S7-300 PLC 应用技术. 北京：电子工业出版社，2007.4.

[15] 李海波，徐瑾瑜. PLC 应用技术项目化教程（S7-200）. 北京：机械工业出版社，2012.8.

[16] 阳胜峰. S7-300/400PLC 技术视频学习教程. 北京：机械工业出版社，2011.4.

[17] 祝福，陈贵银. 西门子 S7-200 系列 PLC 应用技术. 北京：电子工业出版社，2011.4.

[18] 向晓汉. 西门子 PLC 高级应用实例精解. 北京：机械工业出版社，2010.1.

[19] 侍寿永. S7-200PLC 编程及应用项目教程. 北京：机械工业出版社，2013.4.

[20] 李长久. PLC 原理及应用. 北京：机械工业出版社，2006.8.

[21] 许志军. 工业控制组态软件及应用. 北京：机械工业出版社，2005.6.

[22] 胡学林. 可编程控制器教程（实训篇）. 电子工业出版社，2004.7.

[23] 王阿根. PLC 控制程序精编 108 例. 电子工业出版社，2009.12.

[24] 廖常初. PLC 编程及应用 第 3 版. 机械工业出版社，2008.1.

[25] 李国勇，卫明社. 可编程控制器实验教程. 电子工业出版社，2008.9.

[26] 孙海维. SIMATIC 可编程序控制器及应用. 机械工业出版社，2012.1.

[27] 杨育彪，林顺宝. PLC 应用技术. 机械工业出版社，2013.3.

[28] 龙志文. SIMATIC S7 PLC 原理及应用. 机械工业出版社，2013.1.

[29] 王平，鲁英. PLC 应用教程. 中国水利水电出版社，2011.1.

[30] 孙书芳等. 西门子 PLC 高级培训教程（第二版）. 北京：人民邮电出版社，2011.11.

[31] 郑长山. 现场总线与 PLC 网络通信图解项目化教程. 北京：电子工业出版社，2016.4.

[32] 廖常初. S7-300/400 PLC 应用技术 第 4 版. 北京：机械工业出版社，2016.4.

# 反侵权盗版声明

电子工业出版社依法对本作品享有专有出版权。任何未经权利人书面许可，复制、销售或通过信息网络传播本作品的行为；歪曲、篡改、剽窃本作品的行为，均违反《中华人民共和国著作权法》，其行为人应承担相应的民事责任和行政责任，构成犯罪的，将被依法追究刑事责任。

为了维护市场秩序，保护权利人的合法权益，我社将依法查处和打击侵权盗版的单位和个人。欢迎社会各界人士积极举报侵权盗版行为，本社将奖励举报有功人员，并保证举报人的信息不被泄露。

举报电话：（010）88254396；（010）88258888

传　　真：（010）88254397

E-mail：　dbqq@phei.com.cn

通信地址：北京市万寿路 173 信箱

　　　　　电子工业出版社总编办公室

邮　　编：100036

**電子工業出版社.**
PUBLISHING HOUSE OF ELECTRONICS INDUSTRY

# 关于组织出版高等职业教育理工类教材的征稿函

✧ **背景：**

电子工业出版社是教育部确定的国家规划教材出版基地，享有"全国优秀出版社"、"全国百佳图书出版单位"等荣誉称号。理工类教材（含机械、机电、自动化、电子、建筑等）是我社的传统出版领域，近年来，我们联合多所全国示范与骨干院校，开发了很多优秀教材，**2013 年教育部组织的"十二五"职业教育国家规划教材选题评审中，我社共有 200 余种获评通过**。在机械行指委和工信行指委等省部级优秀教材评选中，电子社出品的教材也取得了不俗的成绩，随着新国规教材的评选工作开展，我社也计划继续推进上述专业方向的教材建设，具体征集选题如下。

✧ **征集范围：**

| 专业中类 | 课程举例（包括但不限于以下课程，名称可修改） |
|---|---|
| **电子类**（含电子信息、应用电子、微电子、智能产品、电子工艺等） | 如：数字电子、模拟电子、电路分析、单片机、电工电子、LED 技术、生产工艺、电子产品维修、智能家居控制、小型智能电子产品开发、EDA、嵌入式、ARM 等 |
| **通信类**（通信技术、通信运营等） | 如：通信工程设计制图、移动通信终端维修、通信工程监理、通信原理、移动通信技术、高频电子线路等 |
| **机电设备类**（含自动化生产设备、机电设备安装、维修与管理、数控设备应用与维护等） | 如：PLC（各种品牌、机型）、自动生产线、机电设备维护与维修、数控机床故障诊断 等 |
| **自动化类**（含机电一体化、电气自动化、工业过程自动化、智能控制、工业网络、工业自动化仪表、液压与气动、电梯工程、工业机器人等） | 如：自动控制技术、液压与气动、传感器与检测技术、电气控制与 PLC、变频器、触摸屏、可编程控制器、电机拖动与控制、现场总线、工控组态、智能控制技术、集散控制技术、电梯控制技术、工业机器人技术、过程检测 等 |

✧ **出版相关：**

我们欢迎有特色的、能够体现教学先进性的优秀选题，选题经讨论决定立项后，我们会与作者方签订**正式出版合同**，对于计划出版的选题，我们**不要求作者负担用书量或支付出版经费**，在教材出版后，我们会根据合同约定向作者方支付稿酬，并在全国范围内通过我社设立在各地区的分部进行推广。我们会不定期地参加省部级的教材评优，并在国家级教材评优活动中择优申报。

✧ **联系方式：**

● 郭乃明（高级策划编辑）　　TEL: 13811131246　　QQ: 34825072

电子工业出版社　高等职业教育分社